ÉTUDE

SUR

LES ARACHNIDES

RECUEILLIS EN TUNISIE

EN 1883 ET 1884

PAR MM. A. LETOURNEUX, M. SÉDILLOT ET VALÉRY MAYET,

MEMBRES DE LA MISSION DE L'EXPLORATION SCIENTIFIQUE DE LA TUNISIE,

PAR

Eugène SIMON,

ANCIEN PRÉSIDENT DES SOCIÉTÉS ENTOMOLOGIQUE ET ZOOLOGIQUE DE FRANCE.

PARIS.

IMPRIMERIE NATIONALE.

M DCCC LXXXV.

EXPLORATION

SCIENTIFIQUE

DE LA TUNISIE,

PUBLIÉE

SOUS LES AUSPICES DU MINISTÈRE DE L'INSTRUCTION PUBLIQUE.

ZOOLOGIE. — ARACHNIDES.

ÉTUDE

SUR

LES ARACHNIDES

RECUEILLIS EN TUNISIE

EN 1883 ET 1884

PAR MM. A. LETOURNEUX, M. SÉDILLOT ET VALERY MAYET,

MEMBRES DE LA MISSION DE L'EXPLORATION SCIENTIFIQUE DE LA TUNISIE.

PAR

EugÈne SIMON,

ANCIEN PRÉSIDENT DES SOCIÉTÉS ENTOMOLOGIQUE ET ZOOLOGIQUE DE FRANCE.

PARIS.

IMPRIMERIE NATIONALE.

M DCCC LXXXV.

La faune des Arachnides de la Tunisie a, comme on pouvait s'y attendre, les plus grands rapports avec celle de l'Algérie; elle n'en diffère que par la présence de quelques espèces d'Égypte qui paraissent y trouver la limite occidentale de leur habitat, et par un autre mode de distribution d'un certain nombre d'espèces.

En effet, les trois régions fauniques du Tell, des Hauts-Plateaux et du Sahara, généralement assez nettes en Algérie, s'effacent presque entièrement en Tunisie, où beaucoup de genres, comme les *Evippa*, les *Rhax*, etc., qui, en Algérie, sont caractéristiques du Sahara ou au moins des Hauts-Plateaux sahariens, se rencontrent sur le littoral, aux environs mêmes de Tunis.

Les montagnes boisées de la Kroumirie ont cependant beaucoup d'analogie avec celles du midi de l'Europe, et, sous ce rapport, elles sont tout à fait semblables à celles des environs de Bône, particulièrement au massif de l'Edough.

En résumé, sur 250 espèces recueillies par les membres de la Mission, 208 nous étaient déjà connues d'Algérie, mais 12 étaient inédites :

Pseudicius tamaricis,	*Prosthesima barbara,*
Lycosa cunicularia,	*Echemus fuscipes,*
Cyclosa algerica,	*E. simplex,*
Epeira ditissima,	*Megamyrmecion algericum,*
Dictyna frutetorum,	*M. pumilum,*
D. palmarum,	*Buthus arenarius.*

15 n'étaient connues que d'Égypte ou des régions méditerranéennes orientales :

Lycosa urbana Cambr.,	*Philodromus adjacens* Cambr.,
L. tremens Cambr.,	*Lithyphantes signatus* Cambr.,
L. variana C. K.,	*Dictyna conducta* Cambr.,
Stegodyphus Dufouri Sav.,	*Zodarium nitidum* Sav.,
Xysticus cribratus E. S.,	*Dysdera lata* Reuss,
Oxyptila hirta Sav.,	*Atemna Letourneuxi* E. S.,
Synæma Diana Sav.,	*Minizza vermis* E. S.
Heriæus Buffoni Sav.,	

7 n'étaient encore signalées que d'Europe :

Pseudicius picaceus E. S.,	*Harpactes modestus* E. S.,
Xysticus caperatus E. S.,	*Euscorpius carpathicus* L.,
Theridion Blackwalli Cambr.,	*Dicranolasma scabrum* Herbst.
Dictyna latens F.,	

16 sont jusqu'ici propres à la Tunisie :

Ælurillus Mayeti E. S.,	*Pythonissa recepta* Pav.,
Lycosa Letourneuxi E. S.,	*Ischnocolus tunetanus* Pav.,
Cebrennus tunetanus E. S.,	*I. fuscostriatus* E. S.,
Philodromus ruficapillus E. S.,	*Chelifer Mayeti* E. S.,
Epeira Cossoni E. S.,	*Rhax corallipes* E. S.,
Lasæola Sedilloti E. S.,	*Biton tunetanus* E. S.,
L. Leveillei E. S.,	*B. velox* E. S.,
Selamia segmentata E. S.,	*Phalangium semiechinatum* E. S.

Nous avons été aidé dans ce travail par deux importants mémoires publiés récemment par M. le professeur P. Pavesi : le premier, inséré dans le tome XV (1880) des *Annali del Museo civico di Storia Naturale di Genova*, sur les Arachnides recueillis en Tunisie par divers voyageurs, particulièrement par Abdul-Kerim; le second, inséré dans le tome XX (1884) du même recueil, sur les espèces provenant des recherches de M. le marquis G. Doria. — Nous aurons souvent à citer ces travaux, et nous donnerons la liste des espèces signalées par M. Pavesi et non retrouvées par MM. Letourneux, Sédillot et V. Mayet.

LISTE DES LOCALITÉS CITÉES.

Voyage de M. A. Letourneux en 1883 :

La Goulette. — Tunis. — Dar-el-Aouina (entre Tunis et les ruines de Carthage). — Hammam-el-Lif. — Djebel Bou-Kournein. — Kroumbalia. — Hammamet. — Presqu'île du Cap Bon. — Mahamedia. — Enfida. — Mehedia. — Ksar El-Sef (entre Mehedia et El-Djem). — El-Djem. — Kerouan. — Ellez. — El-Kef. — Aïn-Draham.

Voyage de M. A. Letourneux en 1884 :

Ghardimaou. — Porto-Farina. — Tunis. — Djebel Reças. — Gabès et Ras-el-Oued. — Zarzis. — Houmt-Souk (île de Djerba). — Sidi-Salem-bou-Grara (golfe de Djerba). — Ksar El-Metameur. — Bir El-Ahmar. — Plateau des Haouaïa. — Nefzaoua. — Feriana.

Voyage de M. M. Sédillot en 1883 :

La Goulette. — Tunis. — Gabès. — Mahamla. — El-Guettar. — Gafsa. — Gabès.

Voyage de M. M. Sédillot en 1884 :

La Goulette. — Sousa. — Monastir. — Mekalta. — Mehedia. — Sidi-Messaoud. — El-Djem. — Sousa. — Sidi-el-Hani. — Kerouan. — Aïn-Cherichira. — Sidi-Mohammed-ben-Ali. — Oued Marguelil. — Kessera. — Makteur. — Souk-el-Djema. — Ellez. — Plaine de Sers. — Oued Tessa. — Djebel Zafran. — El-Kef. — Nebeur. — Souk-el-Arba. — Aïn-Draham.

Voyage de M. Valery Mayet en 1884 :

Tunis. — Sfax. — Îles de Kerkenna (îles en face de Sfax). — Oued Batcha (petit Oued entre Sidi-el-Aguereb à l'est et Bir Arrach à l'ouest). — Oued Leben (passant au nord du Djebel Bou-Hedma et se jetant dans le golfe de Gabès au sud-ouest de Mahrès). — Djebel Eddedj (à l'ouest-sud-ouest du Djebel Bou-Hedma). — Djebel Bou-Hedma (est de Gafsa

et nord-ouest du Djebel Besbès). — Gafsa. — Tozzer (oasis du Blad-
el-Djerid). — Chott El-Djerid (vaste Chott salé à l'ouest du golfe de
Gabès), vers la limite de la partie du Chott désignée sous le nom de
Chott El-Fedjedj. — Gafsa. — El-Guettar (oasis au sud-est de Gafsa).
— Djebel Oum-Ali (groupe de montagnes au sud-est de Gafsa). — Gabès.
— Île de Djerba. — Sfax. — Djezeïret Djamour (grand îlot à l'ouest du
Cap Bon).

ÉTUDE

SUR

LES ARACHNIDES

RECUEILLIS EN TUNISIE

EN 1883 ET 1884.

§ 1. ARANEÆ.

1. Synageles albotrimaculatus Luc., *Expl. Alg.*, *Ar.*, p. 184, pl. X, fig. 6 (*Salticus*).

Aïn-Draham (Séd.).

Se trouve aussi en Algérie; nous le possédons de Constantine et de Teniet-el-Haad.

2. Philæus chrysops Poda, 1761. — Variété *erythrogaster* Luc., *l. c.*, p. 137, pl. V, fig. 3.

Aïn-Draham (Séd.).

3. Thyene[1] **imperialis** W. Rossi, 1847. — *Attus regillus* L. Koch. — *Attus argenteo-lunulatus* E. Sim., 1868. — *Thya imperialis* E. Sim., *Ar. Fr.*, III, p. 52.

Sidi-el-Hani (Séd.).

4. Thyene Morelleti Luc., *l. c.*, p. 147, pl. VI, fig. 3 (*Salticus*).

Sidi-el-Hani (Séd.); El-Djem (Séd.).

5. Ergane[2] **jucunda** Luc., *l. c.*, p. 146, pl. V, fig. 8 (*Salticus*). — *Hasarius jucundus* E. Sim., *Ar. Fr.*, III, p. 82.

Aïn-Draham (Séd.); Mekalta (Séd.).

6. Hasarius Adansoni Aud. in Sav., *Ég.*, 2ᵉ éd., XXII, p. 404, *Ar.*, pl. VII, fig. 8 (*Attus*). — *Attus tardigradus* id., *l. c.*, pl. VII, fig. 13 ♀. — *Salticus striatus* Luc., *Rev. Mag. Zool.*, 1850, p. 21. — *Salticus capito* Luc., in Webb et Berth., *Hist. nat. Can.* etc., p. 27, pl. VII, fig. 8. — *Attus nigrofuscus* Vinson, *Aran. Réun.* etc., 1864, p. 59, pl. X. — *Plexippus Adansoni* E. Sim., *Monogr. Att.*, p. 644. — *Hasarius Adansoni* id., *Rév. Att.*, p. 200. — Id., *Ar. Fr.*, III. — *Salticus citus* Cambr., *Zoologist*, 1869, p. 8461. — *Eris niveipalpis* Gerst., *Decken's Reis.* etc., *Ar.*, 1879, p. 477.

Île de Djerba (V. May.).

---

[1] *Thyene* = *Thya* E. Sim. (olim) nom préoccupé.
[2] Sur le genre *Ergane* L. Koch cf. E. Sim., *Annales de la Soc. ent. de Belg.*, C. R., mars 1885.

IMPRIMERIE NATIONALE.

7. Menemerus semilimbatus Hahn, 1831 (*Salticus*). — *Salticus mauritanicus* Luc., *l. c.*, p. 140, pl. V, fig. 9. — *Attus agilis* Walck., *Apt.*, II, suppl., p. 464. — *Salticus intentus* Blackw., *Linn. Soc. Journ.*, X, p. 413, pl. XV, fig. 5.

La Goulette (Séd.); Hammam-el-Lif (Lx).

8. Menemerus Illigeri Aud. in Sav., *Ég.*, 2ᵉ éd., XXII, 1825-1827, p. 408 (*Attus*).

La Goulette (Séd.); Mehedia (Séd.); El-Kef (Séd.).

9. Menemerus Paykulli Aud. in Sav., *l. c.*, p. 409, pl. VII, fig. 22. — *Salticus Vaillanti* Luc., *l. c.*, p. 136, pl. V, fig. 2.

Tunis (Séd.); Gafsa (V. May.).

10. Icius striatus Cl., 1757. — Variété *hamatus* C. Koch, *Ar.*, XIII, p. 67, f. 1132.

Aïn-Draham (Séd.).

11. Pseudicius tamaricis sp. nov.

♂ Long. 4. — Cephalothorax elongatus fere parallelus, niger, albo et rufescente longe pubescens, pilis rufis supra vittas duas parum distinctas formantibus, pilis albo-flavescentibus vittam marginalem vix expressam designantibus, pilis oculorum faciei læte rufis, pilis clypei fere nullis. Chelæ nigræ, nitidæ, glabræ, transverse subtiliter striatæ. Abdomen elongatum, paulum depressum, pilis longis albis rufisque intermixtis dense vestitum, vitta media nigra lata et integra supra ornatum, infra testaceum albido-pubescens. Sternum fulvo-testaceum, parce albo-pubescens. Pars labialis fusca. Pedes fulvo-olivacei, antici infuscati, postici subannulati. Pedes 1 crassissimi, femore valde dilatato et compresso, tibia lata paulo ovata, intus in parte secunda aculeis nigris binis brevibus instructa, metatarsis I et II infra 2-2 breviter aculeatis. Pedes-maxillares graciles, obscure fulvo-olivacei, supra parce et crasse albido-pubescentes; tibia patella multo breviore, haud crassiore, extus ad apicem apophysa articulo multo longiore in parte prima fulva sat crassa attenuata et paulo infra directa in parte secunda gracili nigra et antice recte directa infra instructa; tarso minimo tibia vix latiore, fere parallelo et obtuse truncato; bulbo minimo, fulvo, elongato, ad basin atque ad apicem attenuato, extus prope medium tuberculo minuto, intus in parte secunda stylo crasso et acuto munito.

♀ Long. 4,6. — Cephalothorax paulo latior, niger haud marginatus, pilis albis longis et simplicibus, in parte cephalica pilis fulvo-rufescentibus intermixtis, vestitus, pilis oculorum supra fulvis, infra et in medio albis, pilis clypei crassis et albis. Abdomen ovatum, fuscum, albo rufoque pubescens, antice testaceo-marginatum, prope medium maculis testaceis obliquis 2-2, in parte secunda lineis transversis 2 vel 3 arcuatis et in medio interruptis ornatum, infra testaceum albido-pubescens. Pedes ut in mare, anteriores paulo breviores atque minus incrassati. Pedes-maxillares testacei, femore ad basin paululum infuscato. Plaga vulvæ fulva nitida, fovea anguste marginata, antice rotundata, postice obtuse truncata, carina lata et depressa longitudinaliter secta, notata.

Gafsa (Séd.); Tozzer (V. May.).

Nous l'avons aussi trouvé en Algérie, particulièrement dans le Hodna, et dans l'ouest, à Perrégaux, à Nemours etc., toujours sur les Tamarix.

12. Pseudicius picaceus E. Sim., *Monogr. Att.*, 1868, p. 573 (*Attus*).

♂ Long. 4. — Cephalothorax elongatus fere parallelus, niger, vitta marginali lata vittaque media antice lata postice valde attenuata atque marginem posticum haud attingente, albo-niveo longe pubescentibus supra læte decoratus, pilis oculorum faciei rufis, pilis clypei crassis et albis. Chelæ nigro-rufescentes, nitidæ, glabræ, transverse subtiliter striatæ. Abdomen elongatum, nigerrimum, supra vittis albo-niveis marginatum, infra omnino albo-pubescens. Sternum fuscum albido-pilosum. Pedes antici obscure fusci infra paulo dilutiores, postici fulvo-olivacei fusco-subannulati. Pedes 1 crassissimi, femore valde dilatato et compresso, tibia lata, paulo ovata, intus in parte secunda aculeis brevibus binis nigris instructa, metatarsis i et ii infra 2-2 breviter aculeatis. Pedes-maxillares fusci, femore ad apicem patellaque fulvis atque albido-pilosis, tibia patella multo breviore, extus apophysis duabus instructa : apophysa superiore crassa haud attenuata, obtusissima, articulo breviore et fere perpendiculariter directa, apophysa inferiore longiore, gracillima fere styliformi, antice oblique directa, tarso ovato tibia paulo latiore, bulbo fusco, ovato, ad basin valde obtuso et convexo, in parte secunda stylo nigro crasso intus marginato (femina ignota).

Gabès (Séd.).

Nous avons découvert cette espèce en Sicile.

Diffère du précédent par les bandes blanches bien nettes du céphalothorax, les barbes blanches et épaisses, et par la présence de deux apophyses tibiales : une supérieure très obtuse et perpendiculaire, et une inférieure longue et styliforme, tandis que chez *P. tamaricis* il n'y a qu'une seule apophyse très longue et fine.

Ces deux espèces se distinguent facilement des *P. badius* et *encarpatus*, dont le tibia de la première paire est mutique ou pourvu d'une seule petite épine vers le milieu du bord interne; chez *P. encarpatus* le tibia de la patte-mâchoire offre une grosse apophyse externe très obtuse et convexe; chez *P. badius* il ne présente pas d'apophyse proprement dite, son bord externe est épaissi en forme de gros bourrelet.

13. Calliethera scenica Cl., 1757. — *Salticus propinquus* + *albovittatus* Luc., *Expl. Alg., Ar.*, p. 162-164, pl. VIII, fig. 1-3.

Aïn-Draham (Séd.).

14. Calliethera mutabilis Luc., *Expl. Alg., Ar.*, p. 168, pl. VIII, fig. 8 (*Salticus*).
La Goulette (Séd.).

15. Chalcoscirtus infimus E. Sim., *Monogr. Att.*, 1868, p. 661 (*Calliethera*). —
Id., *Ar. Fr.*, t. III, p. 75.

Aïn-Draham (Séd.); Gabès (Séd.); Oued Leben (V. May.).

16. Ælurillus Basseleti Luc., *l. c.*, p. 158, pl. VII, fig. 1 (*Salticus*).
Aïn-Draham (Séd.).
Très répandu dans les parties montagneuses du Tell algérien.

17. Ælurillus Mayeti sp. nov.

♂ Long. 6,5. — Cephalothorax crassus niger, parte thoracica parce
fulvo-pilosa, parte cephalica in medio nigricante utrinque et antice cinereo-rufulo pubescente atque longe nigro-crinita, utrinque, prope oculos
posticos, macula alba minuta pilosa notata, pilis faciei omnino albo-
niveis numerosis et longissimis. Oculorum linea antica validissime recurva.
Abdomen breve, ovatum, nigrum, supra rufescente pubescens, postice
supra mamillas macula alba minutissima ornatum, infra cinereo-rufulo
pubescens. Mamillæ fusco-testaceæ, infra pilis albis longis cinctæ. Sternum
nigrum, nitidum, parce nigro setosum. Chelæ parvæ, nigræ, nitidæ, parce
albo longe pilosæ. Pedes sat longi et crassi (præsertim antici), nigri, longissime et abunde nigro-pilosi atque parce rufulo-pubescentes, tarsis 1,
tarsis metatarsisque 11, 111 et 1v fulvis, ad apicem anguste nigricanti-annulatis atque albo-pilosis. Pedes-maxillares crassi et breves, nigri, apice fe-
moris patellaque cinereo-rufulo, tibia basique tarsi albo-niveo dense et
longissime pilosis, tibia extus ad apicem apophysa brevi, crassa et uncata
instructa, tarso tibia parum latiore, fere parallelo, ad apicem obtuse truncato, bulbo fusco, magno, ovato, basin versus attenuato, extus prope medium obtuse convexo.

Variété. Patellæ tibiæque posticæ obscure fulvo-olivaceæ nigricanti-
annulatæ.

Îles de Kerkenna (V. May.).

18. Phlegra Bresnieri Luc., *l. c.*, p. 154, pl. VII, fig. 8 (*Salticus*). — *Phlegra Bresnieri + lippiens* E. Sim., *Ar. Fr.*, III.

Tunis (Lx).

19. Attus saliens Cambr., *P. Z. S. L.*, 1876, p. 620, pl. LX, fig. 92.

♀ Ab *A. univittato* E. Sim. (sub *Yllene*) differt vitta thoracica parum
expressa antice haud lanceolata, vitta abdominali pilis squamiformibus
fulvis obtecta, sterno nigro abunde et longe albo-pubescente (fulvo et
nigro-marginato in *univittato*), pilis oculorum infra et in medio albis supra
fulvo-rufulis (omnino sordide albidis in *univittato*), oculis lateralibus anticis a mediis paulo minus remotis (intervallo diametro oculi paulo an-

gustiore, in *univittato* haud angustiore), tibia II infra 3-1 aculeata (in
univittato 2-1).

♂ Ab *A. univittato* diff'ert parte cephalica pilis squamosis albis pilisque
rufis intermixtis dense vestita (in *univittato* nigra parce rufo squamata),
pilis faciei albidis (in *univittato* supra rufescentibus), pedibus testaceis,
tibia I infra nigro dense pilosa, pedibus-maxillaribus fulvis, omnino albo-
pilosis, femore minus incrassato, tibia patella multo breviore et parum
angustiore haud coarctata, femoribus I et II supra ad apicem longe et
valde biaculeatis, abdomine supra vitta longitudinali fusca ornato.

Gabès (Lx, Séd.).
Découvert dans la Basse Égypte par le Rév. O. P. Cambridge; répandu dans
toute la partie sablonneuse du sud de l'Algérie.

20. Attus albifrons Luc., *Expl. Alg., Ar.*, p. 172, pl. IX, fig. 9 (*Salticus*).

♂ Cephalothorax pube squamosa albo-nivea omnino obtectus, in parte
cephalica pilis rufulis paucis intermixta, pilis oculorum et clypei omnino
albo-niveis, spatio inter oculos medios et laterales diametro lateralium
paulo angustiore. Abdomen omnino albo-niveo squamulatum, haud vitta-
tum. Sternum nigricans, abunde albo-pubescens. Tibia II infra 3-1 aculeata.

La Goulette (Séd.).
Ces deux espèces sont voisines de *A. univittatus* E. Sim., du midi de la France [1].

21. Neættha [2] **fulvopilosa** Luc., *l. c.*, p. 171, pl. IX, fig. 1 (*Salticus*).

La Goulette (Séd.); Tunis (V. May.).
C'est probablement *Ballus membrosus* du catalogue Pavesi. Nous avons déterminé
cette espèce d'après le type; la proportion des pattes n'est pas exacte sur les figures
de l'*Exploration de l'Algérie*, ce qui avait jusqu'ici empêché de classer cette espèce
avec certitude.

N. fulvopilosa est très voisin de *N. membrosa;* il s'en distingue par les barbes
squameuses d'un jaunâtre clair, presque de même teinte que les cils, tandis que
chez *membrosa* elles sont d'un blanc pur. Chez le mâle l'apophyse tibiale est plus
épaisse et (vue de profil) assez fortement courbée en haut dans la seconde moitié,
tandis que chez *membrosa* elle est droite et très aiguë.

22. Heliophanus stylifer E. Sim., *Ann. Soc. ent. Fr.*, 1879, p. 209.

Aïn-Draham (Séd.).
Découvert à Biskra, nous l'avons retrouvé depuis à Bône et à Guelma.

---

[1] Nous avons décrit cette espèce sous le nom générique de *Yllenus*. Nous pensons aujourd'hui
qu'elle rentre mieux dans le genre *Attus*. Elle appartient au second groupe de ce genre renfermant
les *A. cinereus* Westr., *saltator* E. Sim., *histrio* E. Sim., *ruficarpus* E. Sim., etc.

[2] *Neæra* E. Sim. (olim) nom préoccupé.

23. Evophrys innotata E. Sim., *Monogr. Att.*, 1868, p. 548 (*Attus*). — Id., *Ar. Fr.*, III, p. 190.

Aïn-Draham (Séd.).

Découvert dans le midi de la France; en Algérie nous l'avons trouvé à Bokhari.

24. Evophrys gambosa E. Sim., *l. c.*, p. 593. — Id., *Ar. Fr.*, III, p. 181.

La Goulette (Séd.); El-Kef (Séd.); Sidi-Messaoud (Séd.); Mehedia (Séd.); Kessera (Séd.); Makteur (Séd.); Djebel Bou-Hedma (V. May.); Gafsa (V. May.).

25. Evophrys finitima E. Sim., *l. c.*, p. 591.

Kerouan (Séd.).

26. Cyrba algerina Luc., *l. c.*, p. 148, pl. VI, fig. 6. — E. Sim., *Ar. Fr.*, III, p. 167.

La Goulette (Séd.); Porto-Farina (Lx); El-Kef (Séd.); Aïn-Draham (Séd.); de Sousa à Sidi-el-Hani (Séd.); Makteur (Séd.); île de Djamour (V. May.).

27. Oxyopes heterophthalmus Latr., 1804.

Cap Bon (Lx); Aïn-Draham (Séd.); la Goulette (Séd.).

28. Oxyopes globifer E. Sim., *Ar. Fr.*, III, p. 222 (note).

Kerouan (Séd.).

29. Oxyopes lineatus Latr., 1806. — Variété *gentilis* C. Koch.

Aïn-Draham (Séd.).

30. Ocyale mirabilis Clerck, 1757.

Aïn-Draham (Séd.).

Genus Lycosa Latr.

1er Groupe. (*Lycosa sensu stricto.*) — Chelæ margine inferiore dentibus tribus fere æquis et validis instructo. Oculorum linea antica valde procurva, linea secunda diametro oculi lineæ secundæ 1/3 fere brevior. Oculi II maximi. Tarsi metatarsique I et II dense scopulati, tarsi postici infra omnino setulosi, utrinque longitudinaliter anguste scopulati.

Type : *L. tarentula.*

31. Lycosa Bedeli E. Sim., *Ann. Soc. ent. Fr.*, 1876, p. 81.

Cette espèce atteint en Tunisie une grande taille; elle creuse un large terrier irrégulier, dont l'ouverture béante est entourée d'un rebord plus ou moins élevé formé de brindilles et de petits cailloux. La femelle se distingue surtout de *L. narbonensis* par les taches tibiales inférieures toujours séparées par un espace blanc plus large que chacune des taches; par la pubescence du front et de la face d'un jaune blanchâtre, tandis que chez *L. narbonensis* elle est d'un fauve-roux assez vif; enfin par la plaque de l'épigyne toujours marquée de trois côtes bien nettes, surtout la médiane. Chez le mâle le tarse de la patte-mâchoire est plus large à la base et plus fortement acuminé; les yeux antérieurs sont plus séparés et équidistants, tandis que chez *L. narbonensis* les médians sont un peu plus séparés.

Hammam-el-Lif (Lx); d'Ellez à El-Kef (Lx); Mekalta (Séd.); plaine de Sers (Séd.); de Sousa à Sidi-el-Hani (Séd.); plateau des Haouaïa (Lx); Sidi-Salem-bou-Grara (Lx); Ksar El-Metameur (Lx); Zarzis (Lx); Feriana (Lx).

Très répandu en Algérie.

C'est probablement *L. narbonensis* du catalogue Pavesi.

L. narbonensis ne se trouve pas dans le nord de l'Afrique.

2° GROUPE. (*TARENTULINA*.) — Chelæ ut in *Lycosa sensu stricto*. Oculorum linea antica validissime procurva atque linea secunda dimidio diametro oculi lineæ secundæ saltem brevior. Oculi IV postici trapezium vix latius postice quam antice formantes. Tarsi omnes infra setulosi, antici utrinque anguste scopulati.

Type : *L. tarentulina*.

32. Lycosa Baulnyi E. Sim., *Ann. Soc. ent. Fr.*, 1876, p. 74, pl. III, fig. 20.

Cette espèce se distingue à première vue des *L. tarentulina* et *cunicularia* par les tibias des deux premières paires garnis en dessous d'une pubescence d'un gris foncé, avec une tache noire basilaire, mais sans tache terminale. La tache noire ventrale s'arrête toujours assez loin des filières; elle est largement tronquée en arrière avec les angles un peu saillants et arrondis. La coloration de l'épigastre est moins constante que nous ne le pensions; tantôt l'épigastre est entièrement rouge-orangé, tantôt, au contraire, il est noir, et c'est le cas le plus fréquent chez les exemplaires de Tunisie.

Djebel Eddedj (V. May.); Djebel Oum-Ali (V. May.).

Répandu dans le Sahara algérien et dans la région des Chotts.

C'est probablement *L. fasciiventris* du catalogue Pavesi.

L. fasciiventris L. Dufour est propre aux montagnes de l'Espagne et ne se trouve pas dans le nord de l'Afrique.

L. Baulnyi creuse un terrier dont l'entrée reste béante comme chez *L. Bedeli*.

33. Lycosa cunicularia sp. nov.

♀ Long. 22-25. Ceph.th. long. 12; lat. 8,8. — Cephalothorax ovatus, antice sensim elevatus, parum attenuatus et truncatus, supra flavido-prope marginem dense albo-pubescens, parte thoracica vittis duabus latissimis paulo obscurioribus, extus valde dentatis et tenuiter fusco-marginatis supra lineis divaricatis fuscis parum expressis oblique sectis. Oculorum series antica valde procurva, dimidio diametro oculorum seriei secundæ serie secunda brevior; oculi fere æqui (medii lateralibus vix majores), inter se approximati et fere æque distantes. Clypeus diametro oculorum lateralium anticorum parum latior. Spatium inter oculos laterales ser. primæ et oculos ser. secundæ angustum. Oculi ser. secundæ maximi, spa-

tio diametro oculi evidenter angustiore disjuncti. Oculi dorsales magni,
lineam transversam, linea oculorum secundæ parum latiorem, formantes.
Abdomen ovatum, supra fulvum albo-cinereo fulvoque pubescens, vittis
transversis fuscis sinuosis 5 vel 6 paulo arcuatis et utrinque hamatis atque
in parte prima vitta longitudinali fusca biangulosa notatum, infra nigrum
flavo-aurantiaco marginatum, epigastre utrinque flavo maculata. Sternum
fuscum, nitidum, longe et dense flavo-pilosum. Chelæ robustæ, nigræ, in
parte prima et extus dense flavo-pilosæ, in parte secunda fere glabræ.
Pedes sat longi et robusti, metatarsis tarsisque præsertim posticis gracilibus, fulvo-rufescentes albido dense pubescentes, femoribus infra paulo
olivaceo-tinctis, posticis submaculatis, tibiis infra ad basin atque ad apicem sat anguste nigro-maculatis, metatarsis infra cinereis immaculatis,
coxis nigricantibus, tibia cum patella iv cephalothorace vix breviore, metatarso iv tibia cum patella paulo breviore. Plaga vulvæ plana, nigra vel
fusco-rufescens, fere nitida, antice late truncata, postice anguste producta
atque ad apicem subtiliter canaliculata.

Cap Bon (Lx); Hammam-el-Lif (Lx); Ksar El-Sef, entre Mehedia et El-Djem
(Lx); Makteur (Séd.); Gafsa (V. May.); Djebel Oum-Ali (V. May.); îles de Kerkenna (V. May.).

Très répandu en Algérie dans la région des Hauts Plateaux.

Facile à distinguer de *L. tarentulina* et des autres espèces du même groupe
(*L. Baulnyi* E. Sim., *L. oculata* E. Sim., etc.) par son sternum entièrement garni
de poils jaunes.

Nota. *Lycosa cunicularia* est la seule espèce du genre *Lycosa* qui, à ma con-
naissance, ferme son terrier d'un opercule mobile, maçonné et semblable, au
moins en apparence, à celui des *Nemesia*.

Le terrier est très profond, il a souvent plus de 25 centimètres; relativement
très étroit et régulièrement cylindrique, il s'évase légèrement à l'entrée, mais ne
se prolonge point au dehors. L'opercule est une disque de terre dure, plus ou moins
arrondi et à bords assez nets, ayant de 12 à 20 millimètres de diamètre et de 2 à
4 millimètres d'épaisseur dans son milieu (terriers des individus adultes); sa face
externe est recouverte de terre formant souvent près de la marge de gros plis con-
centriques; sa face interne aplanie est revêtue de fils formant un tissu mince,
transparent et fortement adhérent; il n'est pas formé, comme chez les *Nemesia*, de
couches alternatives de terre et de soie, la terre est simplement maintenue par la
couche soyeuse inférieure et par de nombreux fils croisés irrégulièrement dans
l'épaisseur même de l'opercule. La charnière est beaucoup plus simple que chez les
Nemesia; chez celles-ci, elle est formée par un prolongement des couches soyeuses
qui entrent dans la composition de l'opercule, tandis que chez la *Lycosa* l'opercule
préalablement construit est attaché sur l'un des côtés de l'ouverture du terrier par
quelques fils croisés. Cette charnière n'offre aucune élasticité; aussi, quand l'Araignée
est sortie de sa demeure, l'opercule est-il toujours renversé à côté de l'entrée qui
reste béante; il s'en détache même très facilement.

3ᵉ GROUPE. (*HOGNA.*) — Chelæ ut in præcedente. Oculorum linea antica minus procurva, linea secunda parum brevior. Tarsi metatarsique 1 et 11 dense scopulati, tarsi 111 et 1v scopulati sed vitta media setulosa versus basin sensim angustiore longitudinaliter secti.

Type : *L. radiata* Latr.

34. Lycosa radiata Latr., 1817. — *Lycosa xylina + famelica* C. Koch, *Ar.*, V. — *Lycosa biimpressa + vagabunda* Luc., *Expl. Alg.*, *Ar.*

Aïn-Draham (Lx); Ghardimaou (Lx); La Goulette (Séd.); Hammam-el-Lif (Lx); El-Aouina (Lx); Feriana (Lx); El-Djem (Séd.); Mekalta (Séd.).

4ᵉ GROUPE. (*LYCORMA.*) — Chelæ pedesque ut in præcedente. Frons obtusa. Oculorum linea antica fere recta, linea secunda paulo latior. Oculi seriei secundæ spatio saltem diametro oculi 1/3 angustiore disjuncti. Clypeus angustus, oculi laterales antici parum vel haud longius a margine clypei quam ab oculis seriei secundæ remoti.

Type : *L. ferox* Luc.

35. Lycosa ferox Luc., *Hist. nat. Can.*, etc., *Art.*, p. 26, pl. VI, fig. 13-14. — *Trochosa xylina* E. Sim., *Aran. nouv.*, I, Liége, 1870, p. 87 (non Koch). — *Lycosa andalusiaca* E. Sim., *Ar. Fr.*, III, p. 254 (note). — ? *Lycosa effera* Cambr., *P. Z. S. L.*, 1872, p. 318; id., 1876, p. 601.

Tunis (Lx, V. May.); Kerouan (Séd.); Mehedia (Séd.); Gabès (Lx, Séd.).

5ᵉ GROUPE. (*TROCHOSA* C. Koch.) — Cephalothorax et oculi ut in præcedente. Chelæ margine inferiore dentibus tribus æquis vel sæpissime primo minore. Tarsi metatarsique antici parum dense scopulati, postici infra setosi.

Type : *L. ruricola* Degeer.

36. Lycosa urbana Cambr., *P. Z. S. L.*, 1876, p. 601. — *Lycosa agretyca* Aud. in Sav., *Ég.*, *Ar.*, pl. IV, fig. 6.

Gabès (Séd.).

6ᵉ GROUPE. (*ARCTOSA* C. Koch.) — Oculorum linea antica recta linea secunda paulo latior. Oculi serici secundæ spatio diametro oculi haud angustiore disjuncti. Chelæ margine inferiore dentibus tribus, tertio reliquis multo minore, instructo. Tarsi metatarsique 1 et 11 rare et longe scopulati, postici setulosi.

Type : *L. cinerea* Fabr.

37. Lycosa pilipes Luc., *Expl. Alg.*, *Ar.*, p. 109, pl. II, fig. 8.

Tunis (Lx); Ghardimaou (Lx); Feriana (Lx); El-Djem (Séd.); Sfax (V. May.); Nefzaoua (Lx); îles de Kerkenna (V. May.).

38. Lycosa lacustris E. Sim., *Ar. Fr.*, III, 1876, p. 280.

Nefzaoua (Lx); Tozzer (V. May.).

39. Lycosa quadripunctata Luc., *Expl. Alg.*, *Ar.*, p. 119, pl. IV, fig. 1.

Gabès (Séd.).

40. Lycosa variana C. Koch, *Ar.*, XIV, 1848, p. 125, fig. 1395. — *Id.*, E. Sim., *Ann. Soc. ent. Fr.*, 1884, p. 314.

Tunis (Séd.).

7ᵉ Groupe. (*Alopecosa*.) — Chelæ margine inferiore bidentato. Oculi antici in linea procurva paulo angustiore quam linea secunda dispositi. Clypeus latus. Tarsi metatarsique antici infra parum dense scopulati, postici setosi.

Type : *L. fabrilis* Cl.

41. Lycosa albofasciata Brullé, *Expéd. sc. Mor.*, *Zool.*, III, p. 54, pl. XXVIII, fig. 7. — *Lycosa sagittata* C. Koch, *Ar.*, XIV, p. 177, fig. 1395. — *Lycosa numida* Luc., *l. c.*, p. 114, pl. III, fig. 5.

Aïn-Draham (Séd.); Kessera (Séd.).

8ᵉ Groupe. (*Trochosina*.) — Chelæ margine inferiore bidentato. Oculi antici in lineam rectam linea secunda haud angustiorem vel parum latiorem dispositi. Clypeus angustior. Pedum tarsi metatarsique antici rare scopulati, postici setosi.

Type : *L. terricola* Th. [1]

42. Lycosa tremens Cambr., *P. Z. S. L.*, 1876, p. 602 (*Tarentula*).

♀ Long. 10. — Cephalothorax ovatus, parum convexus, antice parum attenuatus, fulvo-testaceus, flavo-cinereo pubescens, vittis duabus fuscis in parte thoracica intus paulo dentatis notatus. Oculi antici in lineam rectam dispositi linea secunda vix breviore, medii lateralibus saltem 1/3 majores, inter se vix latius quam a lateralibus remoti. Oculi seriei secundæ maximi, spatio diametro oculi fere 1/3 angustiore disjuncti. Clypeus diametro oculorum anticorum parum latior. Spatium inter oculos laterales anticos et oculos seriei secundæ angustum. Abdomen breve, ovatum, fulvo-testaceum albido-pubescens, parcissime et minute fusco-punctatum, in parte prima punctis minutis vittam lanceolatam designantibus ornatum. Sternum fulvum. Chelæ fusco-rufescentes, fere nitidæ, parce setosæ, margine inferiore sulci dentibus binis fere æquis armato. Pedes sat breves,

---

[1] Appartiennent également à ce groupe : *L. Sulzeri* Pav., *L. erudita* E. Sim., etc.

fulvi, antici versus extremitates paulo rufescentes, tibia i infra 3-3, tibia ii 3-1 aculeatis atque aculeis lateralibus minutis instructis, metatarsis i et ii infra 3-3, extus muticis, intus biaculeatis, patella i mutica, ii intus brevissime uniaculeata, iii et iv biaculeatis, tarsis i et ii infra scopulis raris setis intermixtis vestitis, tarsis iii et iv omnino setulosis. Plaga vulvæ fuscorufescens, semi-circularis, antice rotundata, postice foveis binis ovatis et obliquis anguste separatis notata.

Gabès (Séd.).

Commun dans la Basse Égypte, d'où nous l'avons reçu en nombre.

9° Groupe. (*Leæna.*) — Chelæ margine inferiore bidentato. Oculorum linea antica linea secunda multo latior atque plus minus recurva. Oculi lineæ secundæ mediocres. Clypeus latus. Pedes robusti, tibiis metatarsisque anticis vix aculeatis, tarsis metatarsisque anticis parum dense scopulatis, posticis setosis.

Type : *L. personata* L. Koch.

43. Lycosa villica Luc., *Expl. Alg.*, *Ar.*, p. 110, pl. II, fig. 9. — *Lycosa tomentosa* E. Sim., *Ar. Fr.*, III, p. 289. — *Trochosa Meinerti* Thorell, *K. Sv. V. Akad. Handl.*, XIII, 1875, n° 5, p. 176.

Aïn-Draham (Séd.).

Répandu en Algérie.

Nous rétablissons le nom de *villica*, qui a la priorité, d'après l'examen du type.

44. Lycosa personata L. Koch, *Zeitschr. Ferd.*, II *Nat. Abth.*, 1874, p. 316. — E. Sim., *Ar. Fr.*, III, p. 288.

Tunis (Séd., V. May.).

45. Lycosa Letourneuxi sp. nov.

♀ Long. 13. — Cephalothorax ovatus, convexus, fronte lata et obtusa, fulvo-testaceus, albo-cinereo parce pubescens, parte cephalica linea media interrupta, utrinque linea abbreviata et linea marginali extus valde arcuata, parte thoracica linea marginali et maculis divaricatis abbreviatis sæpe confluentibus vittam latam arcuatam formantibus fusco-olivaceis notatis. Oculi antici in lineam paulo recurvam dispositi, medii lateralibus plus duplo majores et inter se paulo magis quam ad laterales approximati. Oculi seriei secundæ oculis mediis anticis haud majores, spatio diametro oculi fere 1/3 angustiore disjuncti. Oculi seriei tertiæ oculis seriei secundæ minores. Abdomen breve, ovatum, fulvo-testaceum supra fulvo utrinque et infra albido-pubescens, mamillæ fusco-testaceæ. Chelæ robustæ, nigræ fulvo-setosæ, paulo transversim striatæ et parce rugosæ. Sternum pedesque fulvo-testacea albido-pubescentia, patellis tibiisque iii et iv paulo olivaceo-variatis. Pedes robusti et breves, tibia et patella i infra muticis, vel tibia infra aculeo minutissimo prope medium instructa, metatarso ı infra prope basin 1-1, ad apicem 1 breviter aculeato, patella ıı intus uniaculeata, tibia intus biaculeata infra aculeis minutis et gracilibus 1-1, metatarso ıı infra 2-2-2 breviter aculeato, patellis ııı et ıv biaculeatis, tarsis metatarsisque ı et ıı parum dense scopulatis. Plaga vulvæ nigra, valde granulosa et ciliata, postice fovea transverse semicirculari notata.

El-Kef (Lx).

Voisin de *L. excellens* E. Sim. (*Ar. Fr.*, III, p. 291) d'Espagne; en diffère principalement par les yeux de la seconde ligne de même grosseur que ceux de la première et par les latéraux de la première moins séparés des médians, enfin par la première ligne un peu arquée en avant [1].

46. Pardosa venatrix Luc., *Expl. Alg.*, *Ar.*, p. 116, pl. III, fig. 7. — *Lycosa fidelis* Cambr., *P. Z. S. L.*, 1876, p. 604. — *Lycosa galerita* L. Koch, *Æg. u. Abyss. Ar.*, p. 69, pl. VII, fig. 1. — *Lycosa galerita* E. Sim., *Ar. Fr.*, III, p. 269.

Kessera (Séd.).

47. Pardosa proxima C. Koch, *Ar.*, XV, p. 53, fig. 1453-1454. — Id., E. Sim., *Ar. Fr.*, III, p. 330.

Gabès, Gafsa (Séd.).

48. Evippa arenaria Aud. in Sav., 1825-1827. — ? *Lycosa festiva* P. Pavesi, *Ann. Mus. civ. Gen.*, X, 1880, p. 93.

Ksar El-Sef (Lx); Feriana (Lx); Gafsa (Séd.); plateau des Haouaïa (Lx); Nefzaoua (Lx); Zarzis (Lx); Sidi-Salem-bou-Grara (Lx); île de Djerba (V. May.).

La description de Pavesi s'applique entièrement à *Evippa arenaria*, espèce répandue en Égypte et dans le sud de l'Algérie.

49. Sparassus Walckenaerius Aud. in Sav., *Ég.*, *Ar.*, pl. VI, fig. 1. — *S. Cambridgei* E. Sim., *Rév. esp. eur. Sparass.*, 1874, p. 257 (♀ pullus). — *S. Walckenaerius* E. Sim., *Rév. Sparass.*, 1880, p. 72.

Zarzis (Lx).

50. Sparassus Letourneuxi E. Sim., *l. c.*, 1874, p. 252, pl. V, fig. 8.

Aïn-Draham (Séd.); d'Ellez à El-Kef (Lx); Feriana (Lx); Gabès (Lx); Djebel Eddedj (V. May.).

51. Olios spongitarsis L. Dufour, 1820.

Pour la synonymie cf. E. Sim., *Rév. Sparass.*, 1880, p. 77.

Il faut ajouter à cette synonymie *Delena canariensis* Luc. in Webb et Berth., *Hist. nat. Can., Art.*, 1842, p. 30.

Aïn-Draham (Séd.).

---

[1] Chez *L. excellens* les métatarses antérieurs ne sont pas complètement inermes, comme je l'ai indiqué d'après des exemplaires défectueux; la disposition des épines est exactement la même que chez *L. Letourneuxi*, ce qui distingue ces deux espèces des *L. villica* et *subfasciata*.

Genus **Nonianus** [1] *nov. gen.*

Cephalothorax fere æque longus ac latus, utrinque late rotundatus, antice attenuatus et truncatus, parte cephalica paulo longiore quam in genere *Olios*, convexus, antice parum postice valde et longe declivis. Oculi postici æqui, æque distantes, lineam rectam formantes. Oculi antici in lineam rectam dispositi, inter se approximati atque æque distantes, medii lateralibus paulo minores. Oculi medii trapezium paulo longius quam latius et antice angustius occupantes. Clypeus dimidio diametro oculorum anticorum vix latior. Pedes 2-1-4-3, 4 et 3 reliquis multo breviores sed patella cum tibia iv tibia ii longiore. Chelæ, partes oris sternumque ut in genere *Olios*.

Par la forme du céphalothorax, les pièces de la bouche, les pattes, etc., ce nouveau genre se rapproche beaucoup des *Olios*. Il en diffère par les yeux, les postérieurs étant équidistants et en ligne tout à fait droite, les antérieurs en ligne également droite, mais très resserrés, et avec les médians un peu plus petits. Il se distingue du genre *Sparassus* par les yeux médians antérieurs plus petits, le bandeau plus étroit, les pattes postérieures relativement moins longues, etc. Il offre aussi de l'analogie avec le genre *Nisueta*, mais le front est moins large, les yeux beaucoup plus resserrés et la disproportion des pattes antérieures et postérieures moins prononcée.

52. Nonianus pictus sp. nov.

♀ Ceph.th. : long. 5,4; lat. 5,4. Pedes : i 20,7; ii 22,2; iii 17,6; iv 18,2. — Cephalothorax fulvus, antice prope oculos infuscatus, parte cephalica postice macula media, minuta, laciniosa et utrinque maculis minutis binis fusco-olivaceis notata, parte thoracica utrinque maculis elongatis, divaricatis tribus atque prope marginem maculis fuscis tribus majoribus ornata. Abdomen breve, ovatum, convexum, antice posticeque rotundatum, obscure fusco-lividum albido-pubescens, in medio dilutius atque testaceum, vitta media fusca valde denticulata ornatum, infra obscure testaceum fusco-punctatum. Sternum fulvum albido-pubescens. Partes oris nigræ intus testaceo-marginatæ. Chelæ crassæ, nitidæ, nigræ, ad basin paulo dilutiores et rufescentes. Pedes fulvi, femoribus parcissime punctatis atque ad apicem paulo infuscatis, tibiis ad basin fusco-annulatis, prope medium paulo infuscatis et subannulatis, metatarsis ad basin fusco-annulatis, tibiis metatarsisque i et ii infra 2-2 longissime et utrinque 1-1 aculeatis, scopulis fulvis sat longis et parum densis. Plaga vulvæ nigra, punctata, longior quam latior, sulco profundo, in medio in foveam magnam transversim dilatato, longitudinaliter secta.

Sidi-Salem-bou-Grara (Lx).

---

[1] Nom propre latin.

53. Micrommata ligurina C. Koch, 1845.

Aïn-Draham (Séd.).

54. Micrommata ophthalmica E. Sim., *Ann. Soc. ent. Fr.*, 1880, bull., p. xciii. — *Rév. Sparass.*, 1880, p. 65.

Gabès (Séd.).
Découvert en Algérie.

55. Cebrennus Wagæ E. Sim., *Rév. esp. eur. Sparass.*, 1874, p. 265, pl. V, fig. 1. *Rév. Sparass.*, 1880, p. 112.

Enfida (Lx).
Découvert dans la province de Constantine.

56. Cebrennus tunetanus sp. nov.

♂ Ceph.th. : long. 7,2 ; lat. 6,4. Pedes : I 30; II 32,6; III 25,6; IV 29. — Cephalothorax fulvo-testaceus, pube fulvo-nitente setis intermixta parce vestitus, sat convexus, antice posticeque declivis. Oculi postici in lineam valde recurvam dispositi, æqui, medii a lateralibus multo latius quam inter se remoti. Oculi antici in lineam rectam dispositi, medii majores spatio dimidio diametro oculi vix latiore disjuncti, spatio inter medios et laterales diametrum mediorum fere æquante. Oculi IV medii quadrangulum paulo longius quam latius et postice quam antice vix latius occupantes. Clypeus latior quam dimidium diametrum oculorum anticorum. Abdomen breve, fulvum, nitide fulvo-pubescens. Chelæ fulvo-rufescentes. Sternum, partes oris (parte labiali paulo infuscata) pedesque fulvo-testacea, tibiis fulvo-rufescentibus, metatarsis tarsisque fusco-castaneis, aculeis ut in *C. Wagæ*, scopulis longis parum densis basin metatarsorum attingentibus. Pedes-maxillares fulvo-testacei tarso infuscato, patella vix longiore quam latiore, parallela atque convexa, tibia patella haud longiore paulo angustiore, apophysa nigra, crassa, paulo attenuata, ad basin haud dilatata, paululum arcuata, antice directa, articulo haud longiore, intus ad apicem armata, tarso longe ovato, sat angusto, in parte secunda paulum depresso et dense piloso, bulbo ad basin valde convexo et conico, intus stylo crasso depresso et nigro circumdato.

El-Kef (Séd.); Enfida (Lx).
Un mâle adulte et quelques femelles jeunes.
Voisin de *C. castaneitarsis*; en diffère surtout par l'apophyse tibiale non dilatée à la base, beaucoup plus épaisse, plus courte et moins divergente, le groupe des yeux médians un peu plus long que large, les pattes un peu moins longues, etc.

Nota. Les *Cebrennus* s'éloignent beaucoup par leurs mœurs des autres Sparrassides; ils sont en effet terricoles et creusent dans les terrains plats, sablonneux ou argileux légers, un large trou ovale de 5 à 8 centimètres de profondeur et de 3 à

4 centimètres de largeur [1]. Ils tapissent cette cavité d'une grande coque de tissu épais, mais flasque et agglutinatif surtout par la face externe; à la partie supérieure le tissu de cette coque est tendu comme la peau d'un tambour et ferme complètement l'entrée du terrier; c'est au milieu même de cette surface tendue que le *Cebrennus* pratique une coupure semicirculaire formant un opercule des plus simples. Les *Cebrennus* vivent rarement dans leur terrier; ils en sortent très souvent pour chasser; peut-être même ne le construisent-ils qu'au moment de la ponte [2].

57. Xysticus cribratus sp. nov.

♂ Long. 5. — Cephalothorax rugulosus, obscure fulvo-rufescens, valde et irregulariter fusco-venosus atque paulo albo-opaco variegatus, regione oculorum clypeoque albicantibus, postice macula albicante subtriangulari et longitudinaliter anguste secta notatus, fronte clypeoque setis validis nigris et acutis sparsis, margine clypei serie setarum 10 vel 11 notato. Abdomen sordide albo-testaceum, vitta media latissima utrinque acute tridentata atque fusco late et irregulariter nigricante marginata ornatum, partibus lateralibus parcissime nigro-punctatis. Pedes longi et robusti, fulvi, femoribus tibiisque I et II, præsertim inferne valde albido-punctatis, atque præsertim superne fusco-punctatis et variegatis, femoribus III et IV ad apicem tibiisque ad basim nigricant-maculatis, femore I antice aculeis 4 instructo, tibiis I et II infra 4-4 aculeatis, extus (supra) muticis, intus (infra) breviter aculeatis (tibia I 2, II 1), metatarsis I et II infra 4-4 et extus et intus 2 aculeatis. Pedes-maxillares sordide albido-testacei; tibia patella breviore, transversa, extus apophysa alba maxima et laciniosa antice profunde emarginata cum angulo superiore producto oblique truncato atque ad apicem minute uncato, infra valde dilatata fere semi-circulari, infra apophysa minore fere cylindrica arcuata ad apicem rotundata ad basin dente subacuto et divaricato instructa; tarso mediocri late disciformi; bulbo simplici, stylo nigro circumdato, in medio carina minuta fere circulari notato.

♀ Long. 7. — Cephalothorax obscure fulvo-rufescens, fusco-variegatus et venosus, regione oculari et clypeo sordide albido-testaceis, supra vitta latissima parallela vix expressa, sed lineis albidis, postice paulo incrassatis et convergentibus, marginata, setis validis simplicibus. Oculi medii postici a lateralibus multo latius quam inter se remoti. Oculi IV medii rectangulum paulo latius quam longius occupantes, antici posticis vix majores. Abdomen ovatum, antice posticeque rotundatum, fulvo-testaceum,

---

[1] Chez *Cebrennus pulcherrimus* E. Sim. ces dimensions doivent être beaucoup plus grandes.

[2] Cette idée m'est suggérée par ce fait que j'ai trouvé un très grand nombre de terriers inhabités et paraissant abandonnés. Ce n'est même qu'après de longues recherches que j'ai pu découvrir leur véritable constructeur.

irregulariter et parce nigricanti-punctatum, vitta media lata denticulata utrinque punctata et vix expressa supra notatum, setis fulvis et nigris brevibus vestitum. Pedes sat longi et robusti, fulvi leviter obscure fusco-variati, tibiis III et IV prope basin nigricante notatis, aculeis ut in ♂ sed tibiis I et II et extus et intus muticis. Area vulvæ fusca a plica epigasteris sat longe remota, strigis duabus postice paulo convergentibus et antice tuberculo minuto ovato postice emarginato et foveolato notata.

Sfax (V. May.); Gabès (Séd.).

Se trouve également dans la Basse Égypte, où il est très commun aux environs d'Alexandrie et du Caire; il ne figure cependant pas dans l'ouvrage du Rév. Cambridge sur les Arachnides d'Égypte.

Son facies et sa coloration le rapprochent de *Oxyptila hirta* Sav.; mais il s'en distingue tout de suite par les crins simples aigus dont il est revêtu. Dans le genre *Xysticus* il se rapproche surtout de *X. Lalandei* Sav. et *X. Tristrami* Cambr., principalement par les yeux médians postérieurs beaucoup plus resserrés que les latéraux et l'abdomen ovale allongé; il s'en distingue surtout par le groupe des yeux médians un peu plus large que long, les épines tibiales plus courtes et, chez le mâle, par la curieuse structure du tibia de la patte-mâchoire.

58. Xysticus Kochi Thorell, *Eur. Spid.*, etc., p. 185. — E. Sim., *Ar. Fr.*, II, p. 155.

Aïn-Draham (Séd.).

59. Xysticus sabulosus Hahn, 1831.

La Goulette (Séd.); Aïn-Draham (Séd.).

60. Xysticus insulanus Thorell, *K. Sv. V. Akad. Handl.*, XIII, 1875, n° 5, p. 133. — E. Sim., *Ann. Soc. ent. Fr.*, 1883, p. 264, pl. VIII, fig. 1-2.

La Goulette (Séd.).

61. Xysticus caperatus E. Sim., *Ar. Fr.*, II, p. 198.

Aïn-Draham (Séd.); Tunis (Séd.).

62. Xysticus Lalandei Aud. in Sav., 1825-27 (*Thomisus*). — *Thomisus pilosus* Walck., *Apt.*, I, p. 524. — *Xysticus Lalandei* E. Sim., *l. c.*, p. 197.

La Goulette (Séd.); El-Kef (Séd.); Mehedia (Séd.); Kerouan (Lx); Feriana (Lx); Djebel Bou-Hedma (V. May.).

63. Oxyptila blitea E. Sim., *Ar. Fr.*, II, p. 236.

Nefzaoua (Lx); Gafsa (V. May.).

64. Oxyptila hirta Aud. in Sav., 1825-27.

Zarzis (Lx); Nefzaoua (Lx).

Cette espèce n'était connue jusqu'ici que de la Basse Égypte, où elle est très commune.

65. Synæma Diana And. in Sav., *Ég., Ar.*, 2ᵉ éd., XXII, p. 161, pl. VII, fig. 9 (*Thomisus*).

Kerouan (Séd.); Djebel Bou-Hedma (V. May.).

Cette espèce n'était connue jusqu'ici que d'Égypte, de Syrie et d'Arabie.

66. Synæma globosum Fabr., 1775.

Aïn-Draham (Séd.); La Goulette (Séd.); Hammam-el-Lif (Lx); Kessera (Séd.); Maktcur (Séd.); Gafsa, Gabès (Séd.).

67. Synæma plorator Cambr., *P. Z. S. L.*, 1872, p. 306 (*Thomisus*). — ? *Diæa ornata* Thorell, *K. Sc. V. Akad. Handl.*, XIII, 1875, n° 5, p. 128.

Kerouan (Lx); Ksar El-Sef (Lx); Djebel Bou-Hedma (V. May.).

Découvert en Syrie, signalé depuis dans la Russie méridionale (Th.) et en Grèce (E. S.); nous le possédons aussi d'Algérie.

68. Heriæus Savignyi E. Sim., *Ar. Fr.*, II, p. 205.

Aïn-Draham (Séd.).

69. Heriæus setiger Cambr., *P. Z. S. L.*, 1872, p. 307, pl. XIV, fig. 15 (*Thomisus*).

El-Kef (Séd.). — Individus de grande taille.

70. Heriæus Buffoni Aud. in Sav., 1825-27 (*Thomisus*).

Gabès (Séd.); Nefzaoua (Lx). — Également de la Basse Égypte.

Nous ne connaissons que la femelle; elle se distingue de toutes les autres espèces du genre par les yeux de la seconde ligne équidistants, très petits et largement séparés. Les tarses antérieurs n'ont point d'épines en dessous (ce caractère distingue les *H. setiger* Cambr. et *hirtus* C. K.). Les crins blancs dont le corps est entièrement hérissé sont encore plus longs et plus nombreux que chez les autres espèces du genre.

71. Runcinia lateralis C. K., 1838 (*Thomisus*).

Aïn-Draham (Séd.).

72. Thomisus albus Gmelin, 1778. — *Thomisus onustus* + *sanguinolentus* Walck., *Apt.* — *Thomisus onustus* E. Sim., *Ar. Fr.*, II, p. 251.

Aïn-Draham (Séd.); La Goulette (Séd.); Tunis (V. May.); d'Aïn-Draham à El-Kef (Lx); Kessera (Séd.); El-Kef (Séd.); Sidi-el-Hani (Séd.); Feriana (Lx).

73. Thomisus hilarulus E. Sim., *l. c.*, p. 252.

Gabès et Gafsa (Séd.).

74. Tmarus Piochardi E. Sim., *Ann. Soc. ent. Fr.*, 1866. — Id., *Ar. Fr.*, II, p. 261.

Aïn-Draham (Séd.); Gabès et Gafsa (Séd.).

75. Philodromus aureolus Cl., 1757.

Kessera (Séd.).

Arachnides.

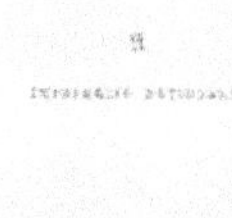

76. Philodromus emarginatus Schrank, 1803.

Aïn-Draham (Séd.).

77. Philodromus glaucinus E. Sim., *Ar. Nouv.*, etc., I, Liége, 1870, p. 71. — Id., *Ar. Fr.*, II, p. 289.

Mehedia (Séd.); El-Kef (Séd.).

78. Philodromus debilis E. Sim., *Ar. Fr.*, II, p. 292.

La Goulette (Séd.); Aïn-Draham (Séd.).

79. Philodromus fuscolimbatus Luc., *Expl. Alg., Ar.*, p. 197, pl. XI, fig. 6.

La Goulette; Tunis (Séd.).

80. Philodromus lepidus Blackw., *Ann. Mag. Nat. Hist.*, 1870, p. 8, pl. VIII, fig. 11. — *Philodromus maritimus* E. Sim., *Ar. Fr.*, III, 1875, p. 282.

La Goulette (Séd.); Sfax (V. May.); Gabès, Gafsa (Séd.); Zarzis (Ix); Djebel Bou-Hedma (V. May.); Tozzer (V. May.).

Habite aussi la Provence, la Corse, l'Espagne, la Sicile, l'Algérie, la Basse Égypte.

81. Philodromus adjacens Cambr., *P. Z. S. L.*, 1876, p. 592, pl. LIX, fig. 11.

Oued Leben (V. May.); Gabès (Séd.).

Jusqu'ici cette espèce n'était indiquée que de la Basse Égypte.

82. Philodromus ruficapillus sp. nov.

♂ Long. 3. — Cephalothorax paulo longior quam latior, fulvo-rufescens utrinque valde infuscatus, pube rufo-coccinea omnino obtectus. Oculi postici in lineam sat valde recurvam dispositi, medii lateralibus paulo minores, inter se vix latius quam a lateralibus disjuncti. Oculi antici lineam parum recurvam formantes, medii paulo minores et a sese longius quam a lateralibus remoti. Oculi laterales antici a mediis posticis longius quam ab anticis remoti. Oculi IV medii trapezium evidenter latius quam longius occupantes. Clypeus verticalis, area oculorum mediorum haud angustior. Abdomen antice obtuse truncatum, in parte secunda paulum dilatatum atque ad apicem valde attenuatum, supra fuscum rufo-coccineo dense pubescens, infra fusco-testaceum sordide albido-parce pilosum. Sternum fulvum, nitidum, parce albido-pubescens. Pedes 2, 1, 4, 3 mediocres, sat robusti, obscure fulvo-rufescentes, coxis metatarsis tarsisque dilutioribus, cinereo rufoque pubescentes, nigro sat breviter aculeati. Pedes-maxillares fulvo-rufescentes, sat breves et robusti, patella crassa et convexa, tibia patella breviore et paulo angustiore, extus ad apicem apophysa nigra, brevi, gracili, recta et simplici infra instructa, tarso anguste ovato, patella cum tibia paulo longiore, bulbo simplici.

Aïn-Draham (Séd.).

Espèce remarquable du groupe des *P. rufus* Walck. (= *P. Clarki* Bl.) et *P. rubidus* E. Sim., reconnaissable à sa pubescence entièrement d'un beau rouge. Le tibia de la patte-mâchoire est beaucoup plus court que chez *P. rufus*, et son apophyse est d'une forme toute différente.

83. Thanatus vulgaris E. Sim., *Ar. Nouv.*, etc., Liége, 1870, p. 60. — Id., *Ar. Fr.*, II, p. 325.

La Goulette (Séd.); Gafsa (V. May.).

84. Thanatus striatipes E. Sim., *l. c.*, p. 62. — Id., *Ar. Fr.*, II, p. 320 (lapsu *rufipes*).

Tunis (V. May.); El-Kef (Séd.); entre Aïn-Draham et El-Kef (Lx).

85. Stegodyphus lineatus Latr., *Nouv. Dict. H. n.*, X, 1803. — *Eresus acanthophilus* L. Dufour, *Ann. Sc. phys.*, V, 1824. — *E. lituratus, fuscifrons* et *unifasciatus* C. Koch, *Ar.*, XIII.

La Goulette (Séd.); Enfida (Lx); entre Aïn-Draham et El-Kef (Lx); Sidi-el-Hani (Séd.); d'Ellez à El-Kef (Lx); Feriana (Lx); Gabès (Lx); Houmt-Souk (Lx); Zarzis (Lx); Sidi-Salem-bou-Grara (Lx).

86. Stegodyphus Dufouri Aud. in Sav., *Ég.*, *Ar.*, pl. IV, fig. 12. — *Eresus semicinctus* C. Koch, XIII, 1846, p. 12, fig. 1086.

Gabès (Séd.).

♀ *S. lineato* affinis, sed cephalothorace paulo longiore, fusco-rufescente, dense et longe albo-niveo-pubescente, faciei pilis rufo-coccineis maculam transversim triangularem oculos includentem formantibus, parte cephalica supra prope oculos posticos macula fulva minuta utrinque ornata, oculis mediis trapezium paulo longius formantibus, pedibus, præsertim tibiis anticis, robustioribus, dense albo-pilosis, tibiis i, ii et iv annulis nigris binis infra ornatis, metatarsis, præsertim posticis, nigricantibus ad basim annulo albo-piloso notatis.

Cette espèce n'était encore indiquée que d'Égypte.

87. Eresus cinnaberinus Oliv., 1789. — ♂ *Aranea cinnaberina* Olivier, *Encycl. Méth.*, IV, p. 221. — *A. mondigera* Villers, *Linn. Ent.*, IV, 1789, p. 128, pl. XI, fig. 8. — *A. quadriguttata* Rossi, *Fauna Etr.*, II, 1790, p. 135, pl. I, fig. 8. — *Eresus illustris* C. Koch, *Ar.*, IV, 1838, p. 105, fig. 317. — ♀ *Eresus frontalis* Latr., *Nouv. Dict.*, etc., 2ᵉ éd., X, 1806, p. 393. — *Eresus Guerini* Luc., *Expl. Alg., Ar.*, p. 133, pl. IV, fig. 10 (*pro parte*) [1].

La Goulette (Séd.); El-Djem (Séd.).

---

[1] *Eresus Guerini* Luc. n'est pas une espèce. M. H. Lucas a confondu sous ce nom tous les grands individus des espèces qui habitent l'Algérie. Le flacon portant pour étiquette *E. Guerini*, au Muséum, renfermait des *E. cinnaberinus, Petagnæ, Lucasi*, etc.

88. Dorceus eburneus E. Sim., *Ann. Soc. ent. Fr.*, 1876, bull., p. LXXXVI (*Erasus*).

♂ Long. 6,5-9. — Cephalothorax niger, parce rugosus, nigro-cinereo-pubescens, parte cephalica utrinque et, præsertim antice, pilis albis ornata, parte cephalica latiore quam longiore, valde convexa, postice fere abrupte declivi. Oculi medii trapezium plus triplo latius quam longius vel lineam recurvam formantes, antici posticis minores. Abdomen ovatum, supra albo-niveo dense pubescens, nigro-marginatum, antice maculis duabus magnis, ovatis, inter se approximatis vel confluentibus, dein punctis duobus vel quatuor minoribus ornatum, infra nigrum nigro-cinereo-pubescens. Sternum nigrum, nitidum, parce cinereo alboque pilosum. Chelæ crassæ, nigræ, dense et longe cinereo-pilosæ. Pedes sat longi, nigri, metatarsis tarsisque fusco-rufescentibus, femoribus patellis tibiisque ad apicem metatarsis ad basin atque ad apicem annulis latis albo-pilosis late decoratis, tibiis metatarsisque breviter aculeatis, metatarso cum tarso I patella cum tibia paulo longiore. Pedes-maxillares minuti, fusci, femore patellaque ad apicem pilis albis paucis ornatis; patella paulo longiore quam latiore, fere parallela; tibia patella plus duplo breviore, vix angustiore; tarso minuto, angusto, valde acuminato; bulbo rufulo, conico, ad apicem truncato, stylo circumdato atque apophysa media, minuta, laciniosa et uncata armato.

Variété. Abdomen maculis punctisque cunctis confluentibus vittam latissimam in parte secunda utrinque bisinuosam atque ad apicem truncatam formantibus.

♀ Long. 17. — Cephalothorax obscure fuscus, parte cephalica multo latiore quam longiore, pube nigricante brevi, utrinque pilis albis crassis et brevibus parce intermixta, vestita. Oculi medii in lineam paulum arcuatam dispositi, medii fere duplo minores et inter se saltem duplo latius quam a lateralibus remoti. Abdomen crasse ovatum, fusco-nigricans, breviter cinereo-nigricanti-pubescens atque pilis albis brevibus sparsum. Chelæ robustissimæ, nigræ, antice dense obscure cinereo-pilosæ. Sternum, partes oris coxæque fusco-rufescentia. Pedes obscure fusci, postici paulo dilutiores, crassissimi, brevissime pilosi, tibiis I et II patellis paulo brevioribus, metatarso IV tibia breviore, metatarsis tarsisque anticis valde compressis, tibiis III et IV infra ad apicem aculeis gracilibus binis, metatarsis tarsisque III et IV infra breviter et parce aculeatis, articulis reliquis cunctis muticis. Vulva fovea minuta fere quadrata, plagam planam, rufulam, lævem, paulum trapeziformem, antice angustiorem atque in parte prima leviter bifoveolatam, includente.

Sfax (V. May.); Gabès (V. May.).

Cette espèce a été découverte dans le Hodna (Algérie). Elle appartient au genre *Dorceus* C. Koch; la femelle, qui m'était jusqu'ici inconnue, est même voisine de

D. latifrons E. Sim.; elle en diffère surtout par la partie céphalique moins transverse et les yeux antérieurs moins largement séparés.

89. Adonea fimbriata E. Sim., *Aran. Nouv.*, etc., II, Liége, 1873, p. 153.

El-Djem (Séd.); Nefzaoua (Lx); Tozzer (V. May.)
Découvert dans le Sahara algérien. *A. capitata* E. Sim., *Ann. Soc. ent. Fr.*,
1876, bull., p. LXXXVI, du Hodna, est peut-être la femelle de la même espèce.

90. Argiope lobata Pallas, 1772.

D'Ellez à El-Kef (Lx); Feriana (Lx); Sfax (V. May.); Sousa (Séd.); île de
Djerba (V. May.)

91. Argiope Lordi Cambr., *P. Z. S. L.*, 1870, p. 820, pl. L, fig. 1.

Ksar El-Metameur (Lx).
Nous l'avons reçu récemment de Biskra.
A. Lordi a été découvert à Massoua, retrouvé ensuite en Égypte et en Arabie;
nous le possédons aussi du Sénégal.

92. Argiope trifasciata Forsk., 1775. — *Argiope Aurelia* Aud. in Sav., Walck., etc.
— *Epeira Webbi* Luc., *Hist. nat. Can.*, etc., *Art.*, p. 38, pl. VI, fig. 5.

Cap Bon (Lx).

93. Argiope Bruennichi Scopl., 1763.

Feriana (Lx).

94. Cyrtophora citricola Forsk., 1775. — *Epeira opuntiæ* L. Duf., Walck., etc.
— *Cyrtophora opuntiæ* E. Sim., *Ar. Fr.*, I, p. 34, pl. I, fig. 3.

La Goulette (Séd.); Gabès (Lx).

95. Cyclosa insulana Costa, *Ann. O. Cenni. Zool.*, 1834, p. 65 (*Epeira*). — *Epeira
trituberculata* Luc., *Expl. Alg.*, *Ar.*, p. 248, pl. XV, fig. 4. — *Cyclosa trituberculata* E. Sim., *Ar. Fr.*, I, p. 43.

Variété. Abdomen læte fusco-rufescens, in medio maculis argenteis binis
elongatis et obliquis roseo-cinctis decoratum.

El-Djem (Séd).

96. Cyclosa Lauræ E. Sim., *Rev. Mag. Zool.*, 1867 (*Singa*); Id., *Ar. Fr.*, I, p. 44.

Plaine de Sers (Séd.).
Nous avons observé cette espèce aux environs d'Alger.

97. Cyclosa algerica sp. nov.

♀ Long. 5-6. — *Cyclosæ conicæ* similis et affinis, sed differt area
oculorum mediorum antice minus lata, longiore quam antice latiore, scapo
vulvæ postice plaga fulva fusco-marginata plus triplo latiore quam longiore
utrinque attenuata et obtusa postice brevissime producta munito (in *C. conica*
plaga cordiformi parum latiore quam longiore et bistriata). Cephalothorax

obscure fusco-olivaceus, longe et parce albido-pubescens, parte cephalica
convexa, postice late transversim impressa. Abdomen breviter ovatum,
antice rotundatum, postice sensim dilatatum et elevatum, in tuberculum
magnum obtusissimum et simplex breviter productum, albido-cinereo-
testaceum, fusco-striatum et vermiculatum, postice utrinque paululum
rufulo-tinctum, supra vitta foliiformi nigra, testaceo-variegata, postice
prope tuberculum transverse valde dilatata et subtriangulari, infra nigrum
vitta transversa alba in medio angustiore et sæpe interrupta prope medium transverse sectum. Sternum nigrum, immaculatum, nitidum. Pedes-
maxillares fulvo-testacei, tibia tarsoque fuscis ab basin anguste testaceis.
Pedes flavo-testacei, coxis i et ii infuscatis, femoribus i, ii et iv ad apicem
sat late nigricanti-annulatis, femoribus i et ii infra prope medium puncto
minuto fusco notatis, patellis i et ii fuscis, patellis iii et iv ad apicem fusco-
annulatis, tibiis metatarsisque cunctis anguste fusco-biannulatis.

Feriana (Lx); Aïn-Draham (Séd.).

Très répandu en Algérie, où il remplace *C. conica* d'Europe; il en diffère par
la forme de la pièce médiane postérieure du scape de l'épigyne. Chez *C. Sierræ*,
autre espèce voisine répandue dans le midi de l'Europe, cette pièce est petite et
triangulaire aiguë, de plus le sternum offre toujours des taches marginales rou-
geâtres.

98. Epeira ditissima sp. nov.

♀ *pullus*. Long. 4. — Cephalothorax albido-testaceus nitidus, parte
cephalica parum convexa, parallela, antice truncata. Oculi minuti, fere
æqui, medii aream paulo latiorem quam longiorem et antice quam postice vix latiorem occupantes, laterales subcontingentes a mediis latissime
remoti. Clypeus area oculorum mediorum haud angustior. Abdomen fere
duplo longius quam latius, antice truncatum cum angulis paulo productis
et obtusis, postice longissime attenuatum, supra argenteo læte micans,
infra albido-testaceo-opacum. Sternum, partes oris, pedes-maxillares pedesque albido-testacea, femore i intus ad apicem aculeo gracillimo, tibia i
infra 4-3 longissime et graciliter aculeata, tibia ii 4-3 brevius, metatarsis
i et ii infra 2-2 aculeatis; pedes iii et iv, aculeo setiformi prope basin tibiæ
sito excepto, mutici.

♂ Long. 4. — Cephalothorax fronte angustiore, magis convexa et obtusa.
Abdomen minus, supra argenteum plus minus aureo-tinctum, sæpe vitta
rufo-brunnea abbreviata longitudinaliter ornatum. Pedes albido-testacei
tibiis metatarsisque anticis paululum rufulo-tinctis, omnes valde aculeati,
femoribus supra 1-1-1, anticis utrinque 2 vel 3, aculeatis, aculeis tibiarum
longissimis et numerosis, metatarsorum brevioribus, tibia ii haud incrassata fere cylindrica, coxis muticis. Pedes-maxillares albido-testacei; femore

gracili fere recto; patella paulo longiore quam latiore, supra ad apicem aculeo setiformi longissimo instructa; tibia patella fere 1/3 longiore, graciliore, apicem versus modice incrassata; tarso mediocri, apophysa longa contorta retro directa, ad apicem dente gracili atque lamina obtusa ad marginem tenuiter denticulata munita ad basim instructo; bulbo maximo paulo reniformi, extus attenuato et subacuto.

Aïn-Draham (Séd.).

Nous l'avons observé en Algérie dans le ravin de la Chiffa et à l'Edough.

Espèce très remarquable, sans analogue dans la faune européenne.

99. Epeira Circe Aud. in Sav., *Ég.*, *Ar.*, pl. II, fig. 9.

Île de Djamour (V. May.); El-Kef (Séd.); Sidi-el-Hani (Séd.); îles de Kerkenna (V. May.).

100. Epeira dalmatica Dolesch., 1852. — *Atea subfusca* C. Koch. — *Epeira illibata* E. Sim., 1870. — *Epeira impedita* L. Koch, 1867.

Mekalta (Séd.); Sfax (V. May.).

101. Epeira cornuta Cl., 1757.

Kerouan (Séd.); Sfax (V. May.); Sousa (Séd.); Gabès (Lx); Bir El-Ahmar (Lx).

102. Epeira umbratica Cl., 1757.

Aïn-Draham (Séd.).

103. Epeira Armida Aud. in Sav., *Ég.*, *Ar.*, pl. II, fig. 8.

Hammam-el-Lif (Lx); Feriana (Lx); El-Djem (Séd.); Makteur (Séd.).

104. Epeira adianta Walck., 1802.

Tunis (Lx, Séd.); Feriana (Lx).

Individus de petite taille et vivement colorés.

105. Epeira cucurbitina Cl., 1757.

Aïn-Draham (Séd.).

106. Epeira Cossoni sp. nov.

♀ Long. 5. — *Epeiræ cucurbitinæ* affinis et similis, sed differt area oculorum mediorum paulo longiore, oculis mediis posticis anticis evidenter majoribus et inter se magis approximatis, sterno infuscato, metatarsis I et II infra 2-7 vel 8 valde aculeatis (in *E. cucurbitina* 2-3 vel 4 aculeatis). Cephalothorax lurido-testaceus paulo rufescens nitidus, parte cephalica linea media olivacea abbreviata oculos haud attingente notata, parte cephalica lata et convexa. Abdomen late oblongum, antice breviter, postice longius attenuatum et obtusum, læte flavo-viridi, vitta marginali albido-opaca parum expressa utrinque cinctum, in parte secunda utrinque punctis minutissimis nigris 4 notatum, infra obscure fulvo-testaceum, in medio late flavo-opacum, postice, prope mamillas, utrinque maculis flavis binis parum distinctis ornatum. Sternum fusco-olivaceum antice in medio paulo dilutius. Pedes-maxillares pedesque ut in *E. cucurbitina*, valde et longe nigro aculeati. Vulva ut in *E. cucurbitina*.

Feriana (Lx).

Très voisin de *E. cucurbitina*, dont il diffère principalement par l'armature des métatarses antérieurs et le plastron rembruni.

107. Epeira dioidia Walck., 1802.

Aïn-Draham (Séd.).

108. Tetragnatha extensa L., 1758. Variété *minor*.

Tunis (Lx, Séd.).

109. Tetragnatha nitens Aud. in Sav., *Ég.*, *Ar.*, pl. II, fig. 2. — *Tetragnatha nitens + ejuncida* (♂) E. Sim., *Ar. Fr.*, I, p. 159-160.

La Goulette (Séd.).

110. Mimetus interfector Hentz, *Bost. J. Nat. Hist.*, VI, 1850, p. 33, pl. IV, fig. 12-13. — *Ero lævigata* Keyserl., *Verh. z. b. V. Wien*, 1863. — *Ctenophora monticola* Blakw., *Ann. Mag. Nat. Hist.*, 1870. — *Mimetus lævigatus* E. Sim., *Aran. nouv.*, II, Liége, 1873. — *Mimetus interfector* E. Sim., *Ar. Fr.*, V, p. 29.

Makteur (Séd.).

111. Theridion uncinatum Luc., *Expl. Alg.*, *Ar.*, p. 267, pl. XVII, fig. 2. — E. Sim., *Ar. Fr.*, V, p. 59.

Tunis (Séd.).

112. Theridion aulicum C. Koch, *Ar.*, IV, 1838, p. 115, fig. 323. — *Theridion rufolineatum* Luc., *Expl. Alg.*, *Ar.*, p. 260, pl. XVI, fig. 10. — *Theridion aulicum* E. Sim., *Ar. Fr.*, V, p. 95.

La Goulette (Séd.); El-Djem (Séd.); Gabès (Lx); Djebel Bou-Hedma (V. May.); Tozzer (V. May.).

113. Theridion pulchellum Walck., 1802. — E. Sim., *Ar. Fr.*, V, p. 97.

Aïn-Draham (Séd.).

114. Theridion simile C. Koch, 1836.

Aïn-Draham (Séd.); Makteur (Séd.).
Commun dans toutes les montagnes des environs de Bône, sur les buissons.

115. Theridion Blackwalli Cambr., *Tr. Linn. Soc. Lond.*, XXVII, 1871, p. 419.

Aïn-Draham (Séd.); Kessera (Séd.).

116. Theridion genistæ E. Sim., *Aran. nouv.* II, Liége, 1873. — Id., *Ar. Fr.*, V, p. 112.

Aïn-Draham (Séd.).

117. Theridion dromedarius E. Sim., *Ann. Soc. ent. Fr.*, 1880, bull., p. xciv. — *Theridium palustre* Pavesi, *Ann. Mus. civ. Gen.*, 1880, p. 328.

Sfax (V. May.); Gabès (Séd.).
Découvert dans la Basse Égypte, nous l'avons retrouvé depuis à Bône.
Pavesi l'a déjà signalé en Tunisie.

118. Theridion denticulatum Walck., 1802.

Aïn-Draham (Séd.).
Variété pâle; le sternum n'est pas entièrement d'un brun noirâtre comme chez le type, mais il offre en avant une grande tache testacée; chez quelques individus il est même fauve avec une étroite bordure noirâtre. Dans le nord de l'Afrique, *T. denticulatum* se trouve communément sur les buissons, tandis qu'à Paris il habite presque exclusivement sur les murailles très abritées.

119. Lithyphantes paykullianus Walck., 1806 (*Theridion*).

Tunis (V. May.); Feriana (Lx); entre Aïn-Draham et El-Kef (Séd.); Mekalta (Séd.); Sousa (Séd.); Gabès (Séd.); Ras-el-Oued (Lx); Zarzis (Lx); Ksar El-Metameur (Lx).

120. Lithyphantes mœrens Thorell, *K. Sv. V. Akad. Handl.*, XIII, 1875, n° 5, p. 64.

Mekalta (Séd.); Zarzis (Lx).

121. Lithyphantes signatus Cambr., *P. Z. S. L.*, 1876, p. 568 (*Theridion*). — *Crustulina signata* E. Sim., *Ar. Fr.*, V, p. 161 (note).

La Goulette (Séd.).

122. Latrodectus tredecimguttatus Rossi, 1790. — Variété *Erebus* Aud. in Sav., *Eg., Ar.*, pl. III, fig. 9.

Sfax (V. May.); Ksar El-Sef (Lx); plaine de Sers (Séd.); îles de Kerkenna (V. May.).

123. Latrodectus Schuchi C. Koch., *Ar.*, III, 1836, p. 10, fig. 167 (*Meta*).

El-Djem (Séd.); Sidi-Messaoud (Séd.); Gafsa (V. May.); Zarzis (Lx); Sidi-Salem-bou-Grara (Lx); Djebel Onm-Ali (V. May.); Oued Bateha (V. May.).

124. Dipœna melanogaster C. Koch, 1837 (*Atea*).

Aïn-Draham (Séd.).
Également commun à l'Edough, sur les buissons.

125. Lasæola Sedilloti sp. nov.

♀ Long. 3. — Cephalothorax fere lævis, nigerrimus, brevis, antice valde attenuatus et elevatus. Oculi postici lineam rectam formantes, medii evidenter majores, late ovati, recti, inter se multo magis quam ad laterales approximati (spatium inter oculos medios dimidium diametrum oculi vix æquans, inter medios et laterales saltem duplo latius). Oculi antici lineam procurvam formantes, medii majores, valde prominuli, a sese sat late remoti sed a lateralibus vix separati. Oculi medii aream trapeziformem evidenter longiorem quam latiorem atque antice multo latiorem quam postice occupantes. Clypeus altissimus, sub oculis anticis valde impressus. Abdomen convexum, late ovatum, antice posticeque rotundatum, nigro-sericeum. Sternum nigrum fere nitidum. Pedes breves, breviter setulosi, omnino nigri.

Aïn-Draham (Séd.).

Se rapproche des *Lasæola tristis* H. et *braccata* C. K., diffère du premier par les yeux médians supérieurs visiblement plus gros que les latéraux et du second par la partie céphalique plane en arrière des yeux, enfin il se distingue de l'un et de l'autre par les pattes entièrement noires. (Chez *L. braccata* tous les fémurs sont fauve-rouge, chez *L. tristis* les pattes des trois premières paires sont noires, celles de la quatrième en partie rouges.)

126. Lasæola Leveillei sp. nov.

♀ Long. 2,5-3. — Cephalothorax subtilissime coriaceus, niger, postice paulo dilutior, brevis, antice valde elevatus sed parum attenuatus. Oculi postici lineam rectam formantes, medii lateralibus vix majores, fere rotundati, inter se multo magis quam ad laterales approximati (spatium inter medios dimidio diametro oculi paulo angustius, inter medios et laterales duplo latius), oculi antici in lineam procurvam dispositi, fere æqui (medii lateralibus paulo majores), medii inter se late disjuncti sed a lateralibus vix separati. Oculi medii trapezium longius quam latius et antice quam postice multo latius formantes. Clypeus altissimus, sub oculis valde impressus. Abdomen subglobosum, nigro-sericeum. Sternum nigrum, nitidum, subtiliter coriaceum. Pedes breves et robusti, læte rufi, coxis olivaceis, femoribus, præsertim anticis, ad apicem late infuscatis, patellis tibiisque omnino nigris, tibiis posticis ad apicem dilutioribus, metatarsis i, ii et iv ad apicem anguste nigro-annulatis.

Aïn-Draham (Séd.).

Diffère du précédent par le céphalothorax plus large en avant et finement chagriné et par la coloration des pattes; il se rapproche beaucoup de *L. convexa* Bl., mais chez ce dernier le céphalothorax est encore plus haut, les pattes un peu plus longues et entièrement rouges. Nous dédions cette espèce à M. A. Léveillé, entomologiste, compagnon de voyage de M. Sédillot.

127. Lasæola convexa Bl., *Linn. Soc. Journ.*, X, 1870, p. 426. — *Euryopis pilula* E. Sim., *Aran. nouv.* etc., II, Liége, 1873. — *Lasæola convexa* E. Sim., *Ar. Fr.*, V, p. 148.

Aïn-Draham (Séd.).

128. Euryopis acuminata Luc., *Expl. Alg., Ar.*, p. 268, pl. XVII, fig. 10 (*Theridion*). — E. Sim., *Ar. Fr.*, V, p. 27.

Tunis (Lx, Séd.).

129. Euryopis sexalbomaculata Luc., *l. c.*, p. 265, pl. XVII, p. 8 (*Theridion
ex typo*). — *Theridium lætum* Westr., *Ar. Suec.*, 1861, p. 190. — *Th. argentatum*
Keys., *Verh. z. b. Ges. Wien*, XIII, 1863, p. 8, pl. X, fig. 12–17.

Djebel Bou-Hedma (V. May.).

130. Leptyphantes zonatus E. Sim., *Ar. Fr.*, V, 1884, p. 322.

Aïn-Draham (Séd.).
Cette espèce n'était connue jusqu'ici que du midi de la France.

131. Enoplognatha mandibularis Luc., *l. c.*, p. 260 (*Theridion*). — Pour la synonymie cf. E. Sim., *Ar. Fr.*, V, p. 186.

La Goulette (Séd.); El-Aouina (Lx); entre Aïn-Draham et El-Kef (Séd.); Makteur (Séd.); Gabès (Lx).

132. Enoplognatha quadripunctata E. Sim., *Ann. Soc. ent. Fr.*, 1884, p. 335.

Tunis (Lx); Kerouan (Séd.).
Répandu en Algérie.

133. Microneta rurestris C. Koch, 1836. — Pour la synonymie, cf. E. Sim., *l. c.*,
p. 436.

Tunis (Lx, Séd.); El-Kef (Séd.).

134. Trichoncus aurantiipes E. Sim., *l. c.*, p. 469 (note).

Aïn-Draham (Séd.).
Découvert à Alger.

135. Gongylidium dentatum Wider, 1834. — Variété *major* [1].

Gabès (Séd); Tozzer (V. May.).

136. Erigone vagans Aud. in Sav., 1825-27.

Tunis, au bord de la mer (Séd.).

137. Erigone dentipalpis Wider, 1834.

Aïn-Draham (Séd.).
Les *E. dentipalpis* d'Algérie et de Tunisie se distinguent de ceux d'Europe par
le tibia et la patella de la patte-mâchoire plus étroits et plus longs.

---

[1] C'est peut-être cette variété de *G. dentatum*, ou une espèce voisine du même genre, qui a été
décrite par Karsch sous le nom *Gnathonarium Rohlfsianum* (Archiv f. Naturg. XLVII); les grands
individus de *G. dentatum* offrent souvent un dessin abdominal analogue à celui qui est indiqué par
Karsch.

138. Thaumatoncus indicator E. Sim., *Ar. Fr.*, V, 1884, p. 581.

La Goulette (Séd.); Mekalta (Séd.).
Je l'ai reçu aussi d'Algérie, de Magenta (départ. d'Oran).

139. Entelecara græca Cambr., *P. Z. S. L.*, 1872, p. 755 (*Walckenaera*). — *Entelecara nuncia* E. Sim., *l. c.*, p. 625. — *Entelecara græca* E. Sim., *Ann. Soc. ent. Fr.*, 1884, p. 336.

Kessera (Séd.).
Très répandu en Algérie.

140. Delorrhipis fronticornis E. Sim., *l. c.*, p. 697.

Aïn-Draham (Séd.).
Commun à Bône.
C'est probablement *E. digiticeps* du catalogue Pavesi.

141. Tapinocyba alexandrina Cambr., *l. c.*, p. 755 (*Walckenaera*).

Aïn-Draham (Séd.).
Répandu en Algérie et dans la Basse Égypte.

142. Agelena livida E. Sim., *Ar. Fr.*, II, p. 112.

Zarzis (Lx).
Très répandu dans le sud de l'Algérie.

143. Tegenaria pagana C. Koch, *Ar.*, VIII, 1841, p. 31, fig. 612-13. — *Tegenaria subtilis* E. Sim., *Aran. nouv.* etc., I, Liége, 1870. — *Tegenaria subtilis* Thorell, *K. Sv. V. Akad. Handl.*, XIII, 1875, n° 5.

Aïn-Draham (Séd.).

144. Textrix coarctata L. Duf., *Ann. Sc. nat.*, XXII, 1831, p. 358. — *Lycosoïdes rufipes* Luc., *Expl. Alg.*, *Ar.*, p. 124, pl. IV, fig. 5. — *Textrix ferruginea* C. Koch, *Ar.*, VIII, p. 50, fig. 627. — *Textrix Moggridgei* Cambr., *Linn. Soc. Journ.*, t. XI, 1870, p. 537, pl. XIV, fig. 6.

Gabès (Séd.); Kerouan (Séd.); Djebel Reças (Lx).

145. Textrix Leprieuri E. Sim., *Ann. Soc. ent. Fr.*, bull., mars 1875.

Aïn-Draham (Séd.).
Répandu dans les montagnes boisées du nord-est de l'Algérie.

146. Holocnemus rivulatus Forsk., 1775. — *Pholcus barbarus* Luc., *Expl. Alg.*, *Ar.*, p. 237, pl. V, fig. 1. — *Pholcus ruralis* Blackw., *Ann. Mag. Nat. Hist.*, 1858, p. 432.

Tunis (Lx, Séd.); Feriana (Lx).

147. Hersiliola macululata L. Duf., *Ann. Sc. nat.*, XXII, 1831, p. 360. — *Hersilia oranensis* Luc., *l. c.*, p. 129, pl. IV, fig. 8.

Tunis (Séd.).

Variété *Lucasi* Cambr., *P. Z. S. L.*, 1876, p. 562, pl. LVIII, fig. 6.

Fulva, pedibus anticis concoloribus, posticis parum distincte annulatis.

Gabès (Séd.); Feriana (Lx).

Cette variété habite les régions sablonneuses de la Basse Égypte et de l'Algérie; nous l'avons reçue en nombre d'Alexandrie et du Caire. Aucun caractère ne permet de la séparer spécifiquement de *H. macululata*.

148. Uroctea Durandi Walck., 1809 (*Clotho*). — E. Sim., *Ar. Fr.*, II, p. 4.

Aïn-Draham (Séd.).

149. Uroctea limbata C. Koch, *Ar.*, X, p. 89, fig. 816 (*Clotho*).

Plateau des Haouaïa (Lx); Djebel Oum-Ali (V. May.).

Habite l'Arabie, l'Égypte, le sud de l'Algérie, dans la région du Sahara et des Chotts, et le Sénégal.

150. Zodarium nitidum Aud. in Sav., *Ég.*, 2ᵉ édit., XXII, p. 135, pl. III, fig. 7 (*Enyo*).

Djebel Bou-Hedma (V. May.)

Commun dans la Basse Égypte, habite aussi le sud de l'Algérie, mais il paraît y être rare. *Z. longipes* Sav. (*l. c.*, pl. III, fig. 8) est probablement le mâle du même.

151. Zodarium elegans E. Sim., *Ar. nouv.* etc., II, Liége, 1873, p. 56.— Id., *Ar. Fr.*, I, p. 244 (*Enyo*).

La Goulette (Séd.).

152. Zodarium algericum Luc., *Expl. Alg.*, *Ar.*, p. 230, pl. XIV, fig. 6 (*Enyo*).

Aïn-Draham (Séd.).

153. Selamia histrionica E. Sim., *Bull. Soc. zool. Fr.*, 1884, p. 326.

Aïn-Draham (Séd.).

Nous avons découvert cette espèce en Algérie.

154. Selamia segmentata sp. nov.

♀ *pullus* long. 10. — Statura et magnitudo *S. reticulatæ* E. Sim., area oculorum fere quadrata cum spatio inter oculos medios anticos et posticos diametro oculi angustiore (in *S. reticulata* area longiore quam latiore cum intervallo oculorum diametro oculi paulo latiore), metatarsis anticis paulo robustioribus, inferne 3-3 breviter aculeatis (in *S. reticulata* valde et sat longe aculeatis), aculeis tibiarum anticarum subsetiformibus, patellis III et IV supra extus 3 intus 1 robustissime aculeatis, tarsis I et II infra aculeis parvis 1-1, tarsis posticis aculeis parvis 2-1 instructis (in *S. reticulata* tarsis muticis). Cephalothorax obscure fuscus nitidus. Abdomen cinereo-testaceum, in parte prima vitta longitudinali antice attenuata, in parte secunda lineis transversis 6 vel 7 validissime arcuatis in medio paulo triangulariter dilatatis, versus extremitatem sensim minoribus supra decoratum. Sternum pedesque (saltem in femina juniore) obscure fulvo-testacea.

Kerouan (Séd.).

Nota. Nous résumons dans le tableau suivant les caractères des trois espèces du genre *Selamia* qui habitent l'Algérie et la Tunisie.

1. Tibiæ metatarsique I et II infra mutici. Oculi medii antici posticis
   minores. . . . . *S. histrionica.*
   Tibiæ metatarsique I et II infra biseriatim aculeati. Oculi medii
   antici posticis paulo majores. . . . .   2.

2. Area oculorum mediorum fere quadrata. Metatarsi I et II infra
   3-3 breviter aculeati, tarsi pedum breviter aculeati. . . . . *S. segmentata.*
   Area oculorum mediorum longior quam latior. Metatarsi I et II
   infra validissime et longe aculeati, tarsi pedum mutici. . . . . *S. reticulata.*

155. Uloborus Walckenaerius Latr., 1806. — E. Sim., *Ar. Fr.*, I, p. 170.

Sfax (V. May.)

156. Uloborus productus E. Sim., *Aran. nouv.*, etc., II, Liége, 1873, p. 149.

Kessera (Séd.).

157. Titanœca albomaculata Luc., *Expl. Alg.*, *Ar.*, p. 250, pl. XV, fig. 6 (*Epeira*). — *Amaurobius distinctus* Cambr., *P. Z. S. L.*, 1872, p. 263.

Kerouan (Séd.); Gabès (Séd.).

158. Devade [1] **hirsutissima** E. Sim., *Ann. Soc. ent. Fr.*, 1880, bull., p. LIV (*Diotima*).

Gabès (Séd.).
Espèce caractéristique des terrains salés. Répandue en Algérie dans la région des Chotts.

159. Dictyna bicolor E. Sim., *Ar. nouv.*, etc., I, Liége, 1870, p. 184. — *Dictyna scalaris* Canestr., *Atti Soc. Ven. Trent.*, etc., vol. II, 1873, p. 48.

Tunis (Lx); Porto-Farina (Lx).

160. Dictyna puella E. Sim., *l. c.*, 1870. — Id., *Ar. Fr.*, I, p. 184.

Aïn-Draham (Séd.).

161. Dictyna latens Fabr., 1875.

Aïn-Draham (Séd.).

162. Dictyna conducta Cambr., *P. Z. S. L.*, 1876, p. 556, pl. LVIII, fig. 4.

Gabès (Séd.).

---

[1] *Devade* = *Diotima* E. Sim., 1880, nom préoccupé; cf. *Bull. Soc. zool. Fr.*, 1884, p. 323.

163. Dictyna gratiosa E. Sim., *An. Soc. Esp. H. N.*, X, 1881, p. 135.

♂ Long. 3,5-4. — Cephalothorax obscure fuscus, parte cephalica
paulo rufescente, lineolis obscurioribus longitudinaliter notata, lævi, nitida, crasse albo-pubescente, parte thoracica linea angusta et sinuosa
flavescente-opaca marginata, subtiliter coriacea, fere glabra. Oculi postici
minuti, æqui, medii inter se multo magis quam ad laterales approximati,
sed spatio diametro oculi plus duplo latiore disjuncti. Oculi antici in
lineam vix procurvam fere rectam dispositi, medii vix minores inter se
magis quam ad laterales approximati. Area mediorum paulo latior quam
longior, fere parallela, antice quam postice vix angustior. Clypeus area
oculorum mediorum vix angustior. Abdomen ovatum, obscure fulvo-oliva-
ceum, in parte prima vitta longitudinali postice paulum incrassata et obtusa
in medio punctis duobus transversim late disjunctis et in parte secunda vitta
lata sinuosa et postice attenuata nigricantibus ornatum, partibus fulvis
crasse albo- partibus nigris obscure fulvo-pubescentibus. Sternum nigrum,
nitidum, haud rugosum, parcissime et parve punctatum, albo cinereoque
pilosum. Chelæ fusco-rufescentes, subtiliter transverse striatæ, haud rugosæ, longæ, attenuatæ, paulum depressæ, intus haud emarginatæ. Pedes
fulvo-olivacei brevissime pilosi, 1, 2, 4, 3, anteriores posterioribus multo
longiores. Pedes-maxillares fulvo-olivacei tarso infuscato; patella crassa,
convexa, haud vel vix longiore quam latiore, intus fere recta, extus incrassata atque prope apicem apophysa brevi, simplici, conica et oblique
divaricata instructa; tibia patella paulo breviore, multo angustiore, extus
ad apicem conice producta; tarso sat minuto et angusto, patella cum tibia
longiore, longe attenuato.

♀ Long. 5,5. — Cephalothorax linea marginali flava magis distincta.
Abdomen magnum, late ovatum et convexum, fulvo-testaceum, albo dense
pubescens, in parte prima macula longitudinali antice rotundata marginem anticum haud attingente postice acuta, in parte secunda maculis
transversis nigris paulo arcuatis 4 vel 5 in seriem unicam ordinatis, infra
vitta nigra latissima et integra notatum. Chelæ coriaceæ, prope basim al-
bido-pilosæ. Pedes et pedes-maxillares lurido-olivacei, albido parce pubescentes.

Aïn-Draham (Séd.).

D. gratiosa a été découvert dans le sud du Portugal; nous l'avons retrouvé depuis à Guelma et à Constantine, où il est très commun dans le ravin.

C'est la plus grosse espèce connue du genre *Dictyna*. Elle s'éloigne beaucoup
des autres représentants du genre par ses yeux latéraux largement séparés des médians, par ses pattes antérieures beaucoup plus longues que les postérieures chez le
mâle, etc. Par les chélicères non échancrées au côté interne et la patella de la patte-
mâchoire pourvue d'une apophyse externe, *D. gratiosa* rentre dans le premier
groupe, renfermant les *D. puella, viridissima, flavescens*, etc.

164. Dictyna olivacea sp. nov.

♂ Long. 2,5. — Cephalothorax læte fusco-rufescens, parte thoracica obscuriore, parte cephalica obscure marginata, antice subtiliter coriacea, postice sensim lævi, crasse albo-pubescente. Oculi postici sat magni, medii inter se magis quam ad laterales approximati, spatio diametro oculi vix latiore disjuncti. Oculi antici approximati, in lineam rectam dispositi, medii paulo minores et inter se paulo latius quam a lateralibus remoti. Area mediorum fere quadrata. Clypeus area oculorum mediorum haud angustior. Abdomen ovatum, obscure fulvo-testaceum, in parte prima vitta longitudinali paulo sinuosa postice sensim latiore ad apicem truncata et utrinque obtuse dilatata, in parte secunda punctis duobus vel quatuor nigricantibus ornatum, partibus fulvis albo- partibus nigris obscure cinereo-pubescentibus. Sternum fere nigrum, nitidum, haud rugosum, parcissime et parve punctatum, albo- longe pubescens. Chelæ fusco-rufescentes, coriaceæ, vix distincte et parce striatæ, haud rugosæ, longe attenuatæ, paulo depressæ, intus longitudinaliter emarginatæ. Pedes fulvo-testacei, brevissime setosi et parce albo-pilosi, femoribus præsertim anticis tibiisque ad apicem paulum olivaceo-tinctis. Pedes-maxillares fulvi tarso infuscato, patella tibiaque supra ad apicem albo-pilosis; patella crassa, convexa, parallela, haud vel vix longiore quam latiore; tibia patella vix angustiore, multo breviore, extus prope basin apophysa minutissima, nigra, simplici et acuta armata; tarso patella cum tibia multo longiore, longe ovato.

♀ Long. 3. — Abdomen late ovatum, convexum, vitta longitudinali angustiore olivacea, postice maculis nigricantibus duabus notata. Chelæ coriaceæ. Pedes fulvi, femoribus i et ii infra paululum infuscatis.

La Goulette (Séd.).

165. Dictyna frutetorum sp. nov.

♂ Long. 2,8-3. — Cephalothorax obscure fuscus fere niger, parte cephalica antice coriacea postice fere lævi, crasse albo-pubescente, parte thoracica coriacea fere glabra. Oculi postici mediocres, medii inter se paulo magis quam ad laterales approximati, spatio diametro oculi haud duplo latiore disjuncti. Oculi antici in lineam vix procurvam fere rectam dispositi, æqui, æque distantes, spatiis diametro oculi haud latioribus separati; area mediorum paulo latior quam longior, parallela. Clypeus area oculorum latior. Abdomen ovatum, supra fulvo-testaceum, nigro-marginatum, vitta longitudinali nigra, latissima, prope medium paululum coarctata, dein transversim dilatata et angulosa notatum, partibus fulvis albo- partibus nigris obscure cinereo-pubescentibus. Sternum nigrum, nitidum, subtilissime coriaceum et parce albo- cinereoque pubescens. Chelæ fusco-rufescentes, coriaceæ, extus parcissime rugosæ, longe atte-

nuatæ, paulo depressæ atque intus longe emarginatæ. Pedes obscure fulvo-
olivacei, breviter setosi et parce albido-pubescentes, femoribus præsertim
anticis valde infuscatis, tibiis metatarsisque ad basin atque ad apicem
paulum infuscatis et subannulatis. Pedes-maxillares fulvo-olivacei, tarso
infuscato, patella tibiaque supra parce albo-pilosis, patella crassa parallela
et convexa parum longiore quam latiore, tibia patella saltem 1/3 breviore
vix angustiore, extus prope basim apophysa nigra, minuta, paulo hamata,
ad apicem minutissime bifida instructa, tarso sat minuto, angusto, patella
cum tibia longiore, longe ovato.

Aïn-Draham (Séd.).

Nous l'avons aussi trouvé à l'Edough sur les buissons.

Très voisin de *D. civica* Luc.; s'en distingue principalement par le tarse de
la patte-mâchoire plus étroit, le groupe oculaire médian parallèle (plus large en
avant chez *D. civica*). C'est probablement *D. civica* du catalogue Pavesi.

166. Dictyna palmarum sp. nov.

♂ Long. 2,5. — Cephalothorax obscure fusco-rufescens antice paulo
dilutior, parte thoracica linea fulva marginali cincta, omnino dense coriaceus, parte cephalica crasse albo-pubescente. Oculi postici lineam sat valde
recurvam formantes, medii paulo majores et inter se magis quam ad laterales approximati, spatio diametro oculi vix latiore disjuncti. Oculi antici
in lineam rectam dispositi, approximati, fere æqui, medii inter se latius
quam a lateralibus remoti. Area mediorum in medio transversim impressa,
parallela, latior quam longior. Clypeus area oculorum paulo latior. Abdomen ovatum, albido-testaceum, albo-pubescens, vitta longitudinali olivacea
parum perspicua postice sensim latiore truncata atque nigricanti-bipunc-
tata ornatum. Sternum obscure fuscum fere nigrum, dense et valde coriaceum, parce et crasse albo-pubescens. Chelæ fuscæ, coriaceæ, vix distincte
et parce striatæ, haud rugosæ, longæ, attenuatæ, depressæ, intus longitudinaliter emarginatæ. Pedes fulvo-testacei, breviter setulosi atque parce
albo-pilosi, femoribus anticis paululum olivaceo-tinctis, tibiis metatarsisque ad apicem angustissime fuscis. Pedes-maxillares fulvi, tibia patellaque supra ad apicem albo-pilosis, patella brevi, parallela, haud vel vix
longiore quam latiore, tibia patella breviore ad basim vix angustiore, mutica, tarso tibia cum patella multo longiore, sat late ovato.

♀ Long. 2,7-3. — Cephalothorax parte cephalica dilutiore et rufescente. Abdomen late ovatum, convexum, albido-testaceum, vitta longitudinali sinuosa olivacea, parum perspicua, in medio sensim transverse dilatata et
bipunctata, ornatum. Sternum chelæque fusco-rufescentia, dense coriacea.

Gabès (Séd.).

Très commun dans le sud de l'Algérie sur les palmiers.

Voisin de *D. condocta* Cambr., dont le céphalothorax est également coriacé; s'en distingue par le plastron densément rugueux (lisse chez *D. condocta*), le tibia de la patte-mâchoire mutique (pourvu chez *D. condocta* d'une petite apophyse externe bien séparée de la base), enfin par les fémurs des pattes teintés de brun-olivâtre.

Nota. Nous résumons dans le tableau suivant les caractères des *Dictyna* observés en Tunisie.

1. Chelæ extus dente valido instructæ . . . . *D. bicolor.*
   Chelæ extus muticæ 2
2. Chelæ intus rectæ haud emarginatæ. Pedes-maxillares patella
   apophysa extus vel supra instructa, tibia mutica 3
   Chelæ intus longitudinaliter emarginatæ. Pedes-maxillares patella mutica, tibia extus plerumque apophysa minuta instructa. 4
3. Oculi antici fere æque distantes. Clypeus area oculorum multo
   angustior. Cephalothorax fulvo-rufescens. Abdomen albido-tes-
   taceum. . . . . *D. puella.*
   Oculi medii antici et postici a lateralibus multo latius quam
   inter se remoti. Clypeus area oculorum vix angustior. Cephalothorax fuscus anguste testaceo-marginatus. Abdomen supra
   nigricanti-variegatum. . . . . *D. gratiosa.*
4. Sternum dense et valde coriaceum 5
   Sternum læve, parcissime punctatum 6
5. Tibia pedum-maxillarium patella haud brevior, angustior, extus
   apophysa minutissima instructa . . . . *D. latens.*
   Tibia patella brevior, vix angustior, mutica . . . . *D. palmarum.*
6. Apophysa tibialis extus prope medium articulum sita. Oculi
   medii antici inter se paulo latius quam a lateralibus remoti.
   Cephalothorax omnino coriaceus. Pedes omnino flavi . . . . . . *D. condocta.*
   Apophysa tibialis ad basim prope patellam sita. Pars cephalica
   saltem postice lævis. Pedes fulvi, femoribus infuscatis 7
7. Oculi antici æqui, æque distantes. Chelæ extus parce granulosæ.
   Tarsus pedum-maxillarium angustus . . . . *D. fratelorum.*
   Oculi medii antici lateralibus paulo minores et inter se latius
   quam a lateralibus remoti. Chelæ coriaceæ haud granulosæ.
   Tarsus pedum-maxillarium sat late ovatus . . . . *D. olivacea.*

167. Palpimanus gibbulus L. Duf., 1820.

La Goulette (Lx, Séd.); El-Kef (Séd.); Keronan (Lx, Séd.); Mekalta (Séd.); Aïn-Draham (Séd.); Gabès, Gafsa (Séd.); Djebel Bou-Hedma (V. May.).

168. Micaria coarctata Luc., *Expl. Alg.*, *Ar.*, p. 226, pl. XIV, fig. 2 (*Drassus*).
El-Kef (Séd.).
Également en Algérie.

169. Micaria corvina E. Sim., *Ar. Fr.*, III, p. 23 (note).
Aïn-Draham (Séd.).
Répandu dans toutes les montagnes du Tell algérien.

170. Aphantaulax Albini Aud. in Sav., 1827 (*Clubiona*). — E. Sim., *Ann. Soc.*
        ent. Fr., 1884, p. 339.

Gabès (Séd.).

Se trouve aussi en Égypte et en Grèce.

Nous ne connaissions jusqu'ici que la femelle; le mâle diffère des *A. seminiger* et
cinctus par l'armature des pattes, le métatarse de la première paire offrant en
dessous une paire d'épines près de la base et celui de la seconde une seule épine,
et par l'absence de la tache postérieure de l'abdomen. Il se rapproche beaucoup de
A. tripunctatus, mais en diffère par la patte-mâchoire plus grêle avec l'apophyse
tibiale plus longue et moins épaisse.

Le tibia ɪ offre en dessous vers le milieu une paire d'épines assez longues et
deux petites terminales; le tibia ɪɪ 3-1 épines et deux petites terminales.

171. Prosthesima Carmeli Cambr., *P. Z. S. L.*, 1872, p. 248 (*Melanophora*). —
        M. latipes Canestr., *Atti Soc. Ven. Tr. Sc. Nat.*, II, p. 45. — *P. latipes* E. Sim.,
        Ar. Fr., III, p. 75. — *P. Carmeli* E. Sim., *Ann. Soc. ent. Fr.*, 1884, p. 188.

Tunis (Lx); Gafsa (V. May.).

172. Prosthesima barbata L. Koch, *Ar. Fam. Drassid.*, 1866, p. 161, pl. VI,
        fig. 101-103 (*Melanophora*). — E. Sim., *Ar. Fr.*, IV, p. 45.

Sidi-Messaoud (Séd.); Kerouan (Lx); Ain-Draham (Séd.).

173. Prosthesima barbara sp. nov.

♂ Long. 6; ♀ long. 6-7. — Cephalothorax elongato-ovatus, sat convexus, læte fusco-rufescens, marginem versus obscurior, tenuiter coriaceus,
parce albido-pubescens. Oculi antici lineam procurvam formantes, medii minores et a sese latius quam a lateralibus remoti (spatium inter hos
vix angustius quam spatium inter oculos medios posticos). Oculi postici
in lineam rectam dispositi, fere æqui et minimi, medii inter se multo
magis quam a lateralibus remoti. Clypeus diametro oculi lateralis antici
latior. Sternum læte fusco-rufescens, nitidum, parce setosum. Abdomen
elongatum, supra nigro-sericeum, sordide fulvo-pubescens, infra paulo
dilutius, mamillis nigris. Chelæ obscure fusco-rufescentes, nitidæ, intus
subtilissime transverse striatæ, setis nigris validis et longis parce munitæ.
Pedes robusti, parum longi, obscure fusco-rufescentes, metatarsis tarsisque dilutioribus, tibiis metatarsisque ɪ et ɪɪ inermibus, ɪɪɪ et ɪᴠ valde
aculeatis, metatarsis tarsisque ɪ et ɪɪ subtus sat longe et parum dense
scopulatis, tibia ɪ patella longiore, haud crassiore, apicem versus paulum attenuata, tibia ɪᴠ cum patella cephalothorace paulo breviore.

♀ Vulvæ plaga magna, longior quam latior, fere parallela et postice
rotundata, fusco-brunnea, longitudinaliter in medio paulo depressa, antice
fovea minuta fere quadrata, dein parte elongata et angusta, postice modice
dilatata et longe ovata, notata.

3.

♂ Pedes-maxillares femore subtus paulum convexo, tibia patella breviore, extus ad apicem apophysa sat crassa articulo haud breviore antice directa attenuata et subacuta armata, tarso longe ovato sat angusto, bulbo oblongo fusco parum convexo.

Tunis, La Goulette (Lx, Séd.); El-Kef (Séd.).

Très répandu en Algérie; nous le possédons de Bou-Saada, de Guelma, de Setif, de Bokhari, etc.

174. Echemus fuscipes sp. nov.

♂ Long. 3-3,5. — Cephalothorax ovatus, antice valde attenuatus, obscure fulvo-rufescens, nitidus, parce et breviter albido-pubescens, striga thoracica tenui sat longa. Oculi antici lineam procurvam formantes, medii vix majores, rotundati, a sese disjuncti (intervallo dimidio diametro oculi latiore) sed a lateralibus haud separati, laterales late ovati et obliqui. Oculi postici in lineam vix procurvam dispositi inter se approximati subcontigui, medii evidenter majores obtuse triangulares. Clypeus oculis anticis vix angustior. Sternum fulvo-rufescens nitidum. Abdomen ovatum, depressum, antice obtuse truncatum, supra cinereo-testaceum, postice sensim infuscatum, tenuiter et parce fulvo-pubescens, ad marginem anticum pilis nigris validis paucis instructum, infra testaceum. Pedes ı et ıı robusti, femoribus valde compressis et dilatatis, tibiis crassis fere cylindricis, ııı et ıv graciliores, obscure fulvo-olivacei, patellis tibiis metatarsisque præsertim anticis valde infuscatis, tibia ı mutica, tibia ıı infra ad marginem exteriorem aculeis binis instructa, metatarsis ı et ıı prope basim biaculeatis, tibiis metatarsisque posticis valde aculeatis. Plaga vulvæ plana, magna, fulvo-rufescens nitida, paulo longior quam latior, antice recte truncata postice rotundata, in prima parte plagula obscure rufula acute lanceolata vel oblonga profunde emarginata et utrinque ad angulum longitudinaliter striata notata.

♂ Long. 3,7. — Abdomen scuto rufulo obtuse triangulari antice obtectum. Pedes-maxillares crassi, obscure fusco-olivacei; femore crasso fere parallelo; patella longiore quam latiore fere parallela, paulo convexa; tibia paulo breviore et angustiore, extus ad apicem apophysa nigra fere cylindrica et sat gracili sed obtusa, articulo paulo longiore, antice directa sed ad apicem paulo sinuosa et divaricata; tarso maximo, late ovato, patella cum tibia longiore; bulbo magno, convexo, ad apicem stylo crasso circulum formante munito.

La Goulette (Séd.); El-Djem (Séd.); Gabès et Gafsa (Séd.); El-Kef (Séd.).
Habite aussi l'Algérie; nous l'avons trouvé à Baniou dans le Hodna.

175. Echemus simplex sp. nov.

♀ Long. 3. — Præcedenti fere similis; differt striga thoracica paulo breviore, oculis lateralibus anticis paulo latioribus fere rotundatis, pedibus paulo longioribus, anticis minus incrassatis, vix infuscatis, tibiis ɪ et ɪɪ muticis, metatarso ɪ infra ad basin biaculeato, metatarso ɪɪ infra ad basin 2 atque pone medium 2 aculeato.

Tunis (Séd.).

Espèce très voisine de la précédente dont elle diffère principalement par l'armature des pattes. L'épigyne est semblable, elle varie un peu, mais individuellement. *E. simplex* est répandu en Algérie, nous le possédons d'Orléansville, Bokhari, Bou-Saada, Medjez (entre Msila et Borj-bou-Areridj).

Nota. Cette espèce est très voisine de *E. canariensis* E. Sim. (*Ann. Soc. ent. Fr.*, 1883, p. 292); elle en diffère par les yeux postérieurs un peu plus inégaux, les yeux médians antérieurs un peu plus gros que les latéraux, la plaque de l'épigyne presque parallèle, tandis que chez *E. canariensis* cette plaque est fortement atténuée en arrière.

Elle est également voisine de *E. mollis* Cambr. (sub *Prosthesima*, P. Z. S. L., 1874, p. 383, pl. LI, fig. 11) de la Basse Égypte; elle s'en distingue principalement par la plaque génitale, dont l'échancrure antérieure se termine en pointe subaiguë (de même que chez *E. fuscipes* et *E. canariensis*), tandis que chez *E. mollis* cette échancrure est assez large et tronquée carrément. *Echemus phaleratus* Karsch (*Archiv für Naturg.*, XLVII, p. 11) de la Tripolitaine, est très probablement synonyme de *E. mollis*.

176. Megamyrmecion algericum sp. nov.

♂ Long. 9. — Cephalothorax ovatus, antice valde attenuatus, postice sat convexus, fulvo-rufescens, nitidissimus, pube plumosa albo-sericea vestitus, striga media profunda sat longa. Oculi medii postici lateralibus paulo majores, leviter ovato-angulati, inter sese evidenter magis quam ad laterales approximati. Oculi antici fere conferti, medii majores. Abdomen oblongum, depressum, postice obtuse truncatum, albido-testaceum, pilis plumosis albis vestitum, antice scuto minuto et angusto rufescente nitido obtectum. Mamillæ longissimæ fulvo-testaceæ. Pedes fulvi coxis paulo infuscatis et rufescentibus, valde inæquales, femoribus sat crassis et compressis, articulis reliquis cunctis gracilibus et longis, femoribus aculeorum seriebus tribus supra armatis, patellis ɪ et ɪɪ muticis, ɪɪɪ et ɪv biaculeatis, tibia ɪ subtus aculeis longissimis 2-2 aculeis terminalibus binis brevioribus atque intus prope medium aculeo unico armata, metatarso ɪ ad basin biaculeato, tibiis metatarsisque posticis aculeis dorsalibus, lateralibus atque inferioribus validissime armatis. Pedes-maxillares fulvi, robusti; femore fere recto, ad apicem sensim incrassato, supra in parte secunda aculeis nigris longis 1-3 armato; patella longiore quam latiore fere parallela convexa; tibia patella haud vel vix breviore, ad basim angustiore, extus ad apicem apophysa fusca gracili et longissima, paulo compressa, articulo vix breviore et antice recte directa, ad apicem spina minutissima et paulo uncinata producta armata; tarso sat angusto, longe ovato; bulbo ovato fusco, oblique sulcato, apophysa terminali membranacea et truncata munito.

♀ (*pullus*) mari fere similis, sed aculeis tibiarum anticarum gracilioribus et brevioribus.

Gafsa (V. May.).
Répandu en Algérie, dans les régions des Hauts-Plateaux et du Sahara.

177. Megamyrmecion pumilum sp. nov.

♂ Long. 5. — Præcedenti affine sed minus. Cephalothorax fulvo-testaceus nitidus albido-pubescens, striga thoracica tenui et sat brevi. Oculi postici fere æqui, medii elongati et obliqui inter se haud vel vix magis quam ad laterales approximati. Oculi antici fere conferti, medii multo majores. Abdomen oblongum, albo-testaceum, haud scutatum. Mamillæ longæ testaceæ. Pedes testacei, aculeis ut in *M. algerico*. Pedes-maxillares robusti, testacei; femore patellaque ut in *M. algerico*; tibia patella haud breviore, ad basim paulo angustiore, supra paulum convexa, extus ad apicem apophysam articulo plus triplo breviorem lamellosam et valde compressam vix longiorem quam latiorem ad apicem obtuse truncatam cum angulo superiore breviter producto et hamato gerente; tarso minuto ad basin tibia haud latiore, apicem versus longe attenuato et acuto; bulbo rufulo, longe ovato, simplici.

Gabès (Séd.).
Nous possédons cette espèce de la Basse Égypte et du Sahara algérien; nous n'avons jamais vu la femelle adulte.

M. algericum et *M. pumilum* diffèrent principalement de *M. holosericeum* E. Sim. (*Ann. Mus. civ. Gen.*, XVIII, 1882, p. 257, pl. VIII, fig. 21-22), d'Égypte [1], par l'armature des tibias antérieurs offrant en dessous deux paires de longues épines, deux petites épines terminales et une interne, tandis que chez *M. holosericeum* les tibias n'offrent en dessous que deux épines assez courtes disposées sur un seul rang.

178. Pœcilochroa picta E. Sim., *Ar. Fr.*, IV, 1878, p. 160, pl. XIV, fig. 2.

La Goulette (Séd.); Aïn-Draham (Séd.).

170. Drassus lapidosus Walck., 1802. — *Clubiona oblonga* Luc., *Expl. Alg.*, *Ar.*, p. 207 (ex typo).

Cap Bon (Lx); Aïn-Draham (Séd.).

---

[1] Quand nous avons décrit cette espèce, nous n'en connaissions qu'un seul individu venant d'Assouan, nous en avons reçu depuis plusieurs autres du Caire. Le mâle adulte est encore inconnu.

180. Drassus severus C. Koch, *Ar.*, VI, 1839, p. 22, fig. 446. — *D. similis* L. Koch,
Ar. Fam. Drassid., 1866, p. 103.

Aïn-Draham (Séd.).

181. Drassus macellinus Thorell, *Rem. on Syn.*, etc., 1871, p. 185.
Variété *major*.

Hammam-el-Lif (Lx); Gabès (Séd.). Trouvé aussi à Souk-Harras (Algérie)
par M. A. Letourneux.

182. Drassus auspex E. Sim., *Ar. Fr.*, IV, p. 154.

El-Kef (Séd.); Gafsa (V. May.); Gabès (Séd.); Sidi-Salem-bou-Grara (Lx);
île de Djerba (V. May.).

183. Gnaphosa Zeugitana Pavesi, *Ann. Mus. civ. Gen.*, XV, 1880, p. 352. —
Gnaphosa luctifica E. Sim., *Bull. Soc. zool. Fr.*, 1880, p. 9.

Tunis (Lx); Mehedia (Séd.).
Nous avons trouvé cette espèce en Provence à l'île de Porquerolles; nous l'avons
reçue de Bône.

184. Pythonissa exornata C. Koch, *Ar.*, VI, 1839, p. 63, fig. 476-477.

Keronan (Séd.); La Goulette (Séd.); Gabès et Gafsa (Séd.); îles de Kerkenna
(V. May.).

185. Pythonissa cinereoplumosa E. Sim., *Ar. Fr.*, IV, p. 203 (note).

El-Kef (Séd.); Feriana (Lx); Gabès (Séd.); Gafsa (V. May.).

186. Pythonissa recepta Pavesi, *Ann. Mus. civ. Gen.*, XV, 1880, p. 354 (*Gnaphosa*).

Entre Gabès et Gafsa (Séd.).

187. Chiracanthium pelasgicum C. Koch, *Ueb. Ar. Syst.*, I, p. 9 (*Bolyphantes*).
— *Clubiona ornata* Luc., *Expl. Alg.*, *Ar.*, p. 211, pl. XII, fig. 6.

La Goulette (Séd.); Zarzis (Lx); Nefzaoua (Lx).

188. Chiracanthium annulipes Cambr., *P. Z. S. L.*, 1872, p. 254, pl. XVI,
fig. 36.

Kerouan (Séd.).
Découvert en Palestine (Cambr.); nous l'avons trouvé en Algérie et en Andalousie.

189. Trachelas amabilis E. Sim., *Ann. Soc. ent. Fr.*, 1878, bull., p. LXIII.

La Goulette (Séd.); Mehedia (Séd.); Gafsa (V. May).
Découvert en Algérie.

190. Zora pardalis E. Sim., *Ar. Fr.*, IV, 1878, p. 322.

Aïn-Draham (Séd.).
Déjà signalé d'Algérie.

191. Zoropsis ocreata C. Koch, *Ar.*, XIV, p. 105, fig. 1345. — *Lycosoides algerica* Luc., *Expl. Alg.*, *Ar.*, p. 122, pl. II, fig. 101.

Aïn-Draham (Séd.).
Très répandu dans toute la région méditerranéenne occidentale.

192. Scytodes thoracica Latr., 1804.

La Goulette (Séd.); entre Aïn-Draham et El-Kef (Lx); El-Kef (Séd.); Djebel Reças (Lx).

193. Scytodes delicatula E. Sim., *Aran. nouv.*, etc., II, Liége, 1873.

Aïn-Draham (Séd.).

194. Scytodes Bertheloti Luc., *Hist. nat. Can.*, etc., *Art.*, p. 25, pl. VI, fig. 9.

Gabès (Séd.); Djebel Bou-Hedma (V. May); Oum-Ali (V. May.).

195. Loxosceles rufescens L. Duf., 1820.

Tunis (Lx, Séd.); La Goulette (Séd.); El-Kef (Séd.); Gabès, Gafsa (Séd.).

196. Loxosceles compactilis E. Sim., *Bull. Soc. zool. Fr.*, 1881, p. 6.

Gafsa (V. May.); Oum-Ali (V. May.).
Découvert récemment dans l'est de l'Algérie.

197. Gamasomorpha loricata E. Sim., *Aran. nouv.*, etc., II, Liége, 1873, p. 44 (*Oonops*).

Tunis (Lx, Séd.); Aïn-Draham (Séd.).

198. Segestria florentina Rossi, 1790.

Aïn-Draham (Séd.); Houmt-Souk dans l'île de Djerba (Lx).

199. Ariadne insidiatrix Aud. in Sav., 1827. — *Dysdera spinipes* Luc., *Expl. Alg.*, *Ar.*, p. 98, pl. I, fig. 7.

Porto-Farina (Lx).

200. Dysdera crocata C. Koch, *Ar.*, V, 1839, p. 81. fig. 392-394.

La Goulette (Séd.); Aïn-Draham (Séd.); El-Kef (Lx, Séd.).

201. Dysdera lata Reuss, *Mus. Senckenb.*, I, p. 201.

Plateau des Haouaïa (Lx).
Espèce répandue dans la Basse Égypte.

202. Harpactes modestus E. Sim., *Ann. Soc. ent. Fr.*, 1882, p. 227.

Aïn-Draham (Séd.).
Cette espèce n'était indiquée jusqu'ici que de Provence et du nord de l'Italie.

203. Filistata testacea Latr., 1810.

Porto-Farina (Lx); Hammam-el-Lif (Lx); entre Aïn-Draham et El-Kef (Lx).

204. Ischnocolus algericus Thorell, *K. Sv. V. Akad. Handl.*, XIII, 1875, n° 5,
p. 123.

Porto-Farina (Lx); Aïn-Draham (Séd.).

205. Ischnocolus tunetanus Pav., *Ann. Mus. civ. Gen.*, XV, 1880, p. 362.

Zarzis (Lx).

Découvert à Kerouan par Abdul-Kerim (Pav.).

J'attribue à cette espèce, dont le mâle est seul connu jusqu'ici, une femelle
trouvée à Zarzis par M. Letourneux. Le dessin abdominal consiste, dans la première moitié, en une bande brune longitudinale effilée en arrière et, dans la seconde,
en deux ou trois lignes transverses arquées, mais ce dessin est presque effacé
et disparaît sous une pubescence serrée d'un fauve grisâtre. Le front est relativement large; les quatre yeux antérieurs sont peu inégaux et un peu plus séparés
que chez les espèces voisines; la fossette thoracique est grande et très légèrement
arquée en avant, presque comme dans le genre *Chœtopelma* Auss., caractère qui
s'observe aussi chez l'espèce suivante; le céphalothorax est aussi long que la patella
et le tibia de la quatrième paire, tandis que chez le mâle (d'après Pavesi) il est
plus court.

206. Ischnocolus fuscostriatus sp. nov.

♂ Long. 17. — Cephalothorax longior quam latior, brevior quam patella cum tibia iv, vix convexus, antice attenuatus, fulvo-rufescens, dense
et sat longe albo-argenteo pubescens, fovea sat lata transversa antice levissime arcuata. Oculi iv antici ad sese valde approximati, medii lateralibus paulo minores, laterales antici et postici inter se parum disjuncti,
postici minores late ovati fere rotundati. Abdomen longe ovatum, fere
cylindricum, fulvo-testaceum, maculis pallide fusco-violaceis minutis et
angulatis 3 vel 4 in seriem unicam ordinatis et in parte secunda utriuque
lineis tenuibus, obliquis et abbreviatis 3, supra ornatum. Chelæ fusco-
rufescentes angustæ. Pedes longi et robusti, fulvo-testacei, nigro-setu-
losi, tibia i haud incrassata, extus leviter arcuata, infra linea media ex
aculeis robustis et longis 4 fere æquis, in parte prima extus 7 vel 8, intus 10 vel 12 aculeis robustis fere inordinatis instructa, metatarso i infra
ad apicem et extus ante medium uniaculeato. Pedes postici valde aculeati, patella iii extus biaculeata, patella iv extus uniaculeata. Pedes-maxillares femore compresso, mutico, supra linea setarum validarum munito;
tibia patella longiore vix crassiore fere parallela, infra prope basim leviter
convexa, supra et extus mutica, intus in parte secunda aculeis gracilibus
2 vel 3 instructa; tarso tibia plus dimidio breviore, angustiore et fere parallelo; bulbo rufulo simplici, lobo rotundato depresso, stylo lobo fere duplo
longiore gracili, fere recto, in parte prima fere cylindrico, in parte secunda
paulo compresso et vix subsinuoso, acutissimo. Mamillæ albo-testaceæ.
articulis 1° et 2° fere æquis. 3° paulo longiore et graciliore.

♀ (*pullus*). Cephalothorax fronte latiore, pedes breviores, tibiis 1 et 11 infra 1-1 atque ad apicem 2 aculeatis.

Djebel Bou-Hedma (V. May.).

Cette espèce est très voisine de *I. triangulifer* Auss., de Sicile, qui offre exactement la même coloration; elle en diffère chez le mâle par l'armature des tibias antérieurs; en effet, chez *I. triangulifer* le tibia offre en dessous deux lignes d'épines: une ligne externe n'occupant que la première moitié formée de deux, et une ligne interne n'occupant que la seconde formée de quatre; il offre de plus dans la première moitié deux épines externes et un groupe de cinq à six externes. Chez *I. algericus* le tibia offre en dessous une ligne interne de quatre épines en occupant toute la longueur et une externe de deux n'en dépassant pas le milieu, de plus une seule externe et un groupe de six à sept internes. D'après Pavesi l'armature du tibia est très différente chez *I. tunetanus*.

207. Pachylomerus ædificatorius Westw., *Trans. Ent. Soc. Lond.*, III, 1840, p. 170 (*Actinopus*) — *Actinopus algerianus* Luc., *Expl. Alg., Ar.*, p. 96, pl. I, fig. 5. — *Ummidia picea* Thorell, *Tidjsch. v. Entom.*, XVIII, 1875, p. 102.

Entre Souk-Harras et Ghardimaou (Lx).

Très commun dans l'est de l'Algérie et en Andalousie.

Nous avons reçu dernièrement du sud de l'Espagne le mâle de *P. ædificatorius* et nous y avons reconnu *Ummidia picea* Thorell. Le Dr Thorell avait au reste indiqué les caractères du genre «*tibiis tertii paris supra versus basin angustatis*». Chez les *Pachylomerus*, de même que chez les *Cteniza* et les *Cyrtocarenum*, les mâles offrent aux pattes antérieures des *scopula* qui manquent chez les femelles.

Nota. Le terrier du *Pachylomerus* est toujours creusé sur des terrains en pente rapide, le plus souvent sur les parois presque verticales des chemins creux ou des berges élevées des rivières. Il est peu profond, ayant rarement plus de 10 centimètres de profondeur et le plus souvent beaucoup moins (de 6 à 8); il est relativement large et cylindrique, mais il se rétrécit légèrement et devient plus ou moins ovale à l'entrée; celle-ci est entourée, du côté opposé à la charnière, d'un rebord irrégulier en forme de collerette. Les parois sont solidement maçonnées et revêtues de plusieurs couches d'un tissu blanc et très serré dont l'externe est fortement adhérente, tandis que l'interne se détache facilement comme un fourreau surtout dans le fond. L'opercule est rigide sans être très épais; il n'est pas taillé en biseau mais longuement et peu régulièrement aminci sur les bords qui sont plus ou moins sinueux; cet opercule est semicirculaire, beaucoup plus large que long; chez les grands individus il mesure de 25 à 26 millimètres de largeur sur 15 millimètres de longueur, chez les petits de 18 à 20 sur 10 à 13, avec d'assez larges variations individuelles; sa base, fixée par la charnière, est très large et coupée en ligne droite; sa face externe est comme toujours rugueuse, revêtue de terre, de petites pierres et de lichens; l'interne est beaucoup moins régulière que chez les *Cteniza*, elle est plus ou moins inégale et revêtue d'un tissu blanc assez mince, elle n'offre pas les petits trous disposés en ligne courbe, mais au centre son tissu est renforcé de gros fils irrégulièrement croisés qui servent à l'Araignée à accrocher ses ongles pour défendre l'entrée de sa demeure. La charnière est très large et très élastique, elle suffit pour ramener l'opercule vivement en position, même lorsqu'il est fixé à la partie inférieure de l'ouverture, ce qui est le cas le plus fréquent.

208. Cyrtauchenius Walckenaeri Luc., *Expl. Alg.*, *Ar.*, p. 94, pl. I, fig. 3 (*Cyrtocephalus*). — ? *Cyrt. Doleschalli* Auss., *Verh. z. b. Ges. Wien*, 1871, p. 162. — *Cyrt. Walckenaeri* E. Sim., *Bull. Soc. zool. Fr.*, 1881, p. 6.

Tunis (Lx); El-Aouina (Lx); Hammam-el-Lif (Lx); Porto-Farina (Lx); Aïn-Draham (Séd.); Ksar El-Sef (Lx).

Très répandu dans l'est de l'Algérie; nous l'avons aussi observé en Espagne, à Valence, et il existe probablement en Sicile.

Correspond exactement à la description de *C. Doleschalli* Ausserer et non à celle de *C. Walckenaeri* du même auteur; au reste Ausserer ne décrit pas *C. Walckenaeri*, et les caractères qu'il en donne dans son tableau paraissent extraits de la description et des figures de Lucas dans l'*Exploration de l'Algérie*. Chez *C. Walckenaeri* le tarse de la patte-mâchoire offre une *scopula* épaisse semblable à celle des tarses antérieurs, les métatarses de la première paire sont armés en dessous à l'extrémité d'une plus rarement de deux petites épines. La grosseur relative des yeux et leur plus ou moins d'écartement ne peuvent fournir de caractères absolus dans cette espèce, chez les très grands individus ils paraissent plus petits et plus séparés; les quatre antérieurs sont généralement égaux, quelquefois cependant les médians sont un peu plus petits que les latéraux.

Nota. Les mœurs des *Cyrtauchenius* sont jusqu'ici assez mal connues. C'est sans doute par confusion avec une grande espèce du genre Lycose que M. H. Lucas a pu dire que chez *C. Walckenaeri* l'entrée du terrier était béante et sans opercule. Quant aux détails donnés par Moggridge, d'après nos indications, sur le *C. elongatus*, ils doivent se rapporter au genre *Leptopelma* : *C. elongatus* est, en effet, un vrai *Leptopelma*; *L. africana* décrit depuis par Ausserer en est synonyme.

Les *Cyrtauchenius* que nous avons observés en Algérie construisent tous des terriers très analogues à ceux des *Cteniza* et des *Nemesia* [1]. Celui du *C. Walckenaeri* est profond, large et cylindrique, à parois maçonnées, revêtu dans toute sa longueur d'un fourreau de tissu très épais, très blanc, parcheminé et non adhérent. L'opercule a de 18 à 25 millimètres de largeur sur 15 à 18 millimètres de longueur; sa base, fixée par la charnière, est largement tronquée; il est rigide mais mince et il repose sur l'ouverture sans y pénétrer; sa face externe est inégale, l'interne est recouverte d'une toile blanche semblable à celle du fourreau et homogène, sans ligne ponctuée comme chez les *Cteniza*, ni réseau comme chez les *Pachylomerus*.

---

[1] Chez une petite espèce encore inédite que nous avons observée à Tlemcen, l'ouverture du terrier prolongée en dehors en forme de colonne n'a point d'opercule. Chez d'autres espèces également inédites nous avons observé un double opercule comme chez *Nemesia Eleanora*.

§ 2. SOLIFUGÆ.

209. Galeodes barbarus Luc., *Expl. Alg.*, *Ar.*, p. 270, pl. XVIII, fig. 7. — *G. barbarus* L. Duf., *Ann. Soc. ent. Fr.*, 1852. — Id., *H. N. Gal.*, 1861, p. 42, pl. I, fig. 1. — *G. intrepidus* L. Duf., *l. c.*, p. 47, pl. I, fig. 3 (*pullus.*). — *G. barbarus* E. Sim., *Classif. Gal.*, in *Ann. Soc. ent. Fr.*, 1879, p. 102 (ad. part.; ♀ non ♂).

Hammam-el-Lif (Lx); d'Ellez à El-Kef (Lx); Kerouan (Lx); Sfax (V. May.); Zarzis (Lx). .

Nota. Dans notre travail récent sur les *Galeodes* nous avons confondu deux espèces sous le nom de *barbarus;* le seul mâle adulte, originaire du Maroc, que nous connaissions à cette époque diffère des *G. barbarus* d'Algérie par des caractères importants; un de ces caractères, les épines spatulées des tarses postérieurs, avait été observé par L. Dufour et nous avons indiqué (*l. c.*, p. 103) cette divergence entre la description de L. Dufour et la nôtre. Les caractères des deux espèces peuvent se résumer ainsi :

G. barbarus Luc. — E. Sim., *l. c.* ♀ non ♂.

♂ Chelæ digito mobili dentibus quatuor, 1° et 4° reliquis majoribus, fere æquis, 2° minuto, 3° minutissimo. Tarsi pedum ıv spinis rufulis crassis depressis et paulo fusiformibus infra vestiti. Abdomen segmento ventrali 5° spinis bacilliformibus longis et acutis in seriem unicam transverse ordinatis munito. — Habitat in Algeria et Tunisia.

G. occidentalis E. Sim. — Id., *l. c.* ♂ non ♀.

♂ Chelæ digito mobili dentibus tribus, 2° reliquis minore. Tarsi pedum ıv articulo primo setis simplicibus longis, articulis 2° et 3° setis gracilibus sed brevioribus infra omnino vestitis. Abdomen segmento ventrali 5° spinis bacilliformibus crassis depressis atque lanceolatis numerosis et in series 2 vel 3 transverse ordinatis instructo. — Habitat in Marocco.

210. Galeodes Olivieri E. Sim., *l. c.*, p. 101.

D'Ellez à El-Kef (Lx); Enfida (Lx); Gafsa (V. May.).

211. Solpuga flavescens C. Koch, *Arch. Naturg.*, VIII, 1842, p. 358. — C. Koch, *Ar.*, XV, 1848, p. 79, fig. 1472. — *Galeodes nigripalpis* L. Duf., *H. N. Gal.*, p. 54, pl. II, fig. 8. — *Gœtulia flavescens* E. Sim., *l. c.*, p. 111.

Gabès et Gafsa (Séd.); Gafsa (V. May.); Mekalta (Séd.); Nefzaona (Lx).
Le Muséum possédait déjà cette espèce de l'île de Djerba.

212. Solpuga aciculata E. Sim., *l. c.*, p. 114 (*Gœtulia*).

Feriana (Lx); Gafsa (V. May.).
Cette espèce était indiquée d'Algérie, mais sans localité précise.

213. Rhax ochropus L. Duf., 1861. — *Galeodes phalangista* L. Duf., *Ann. Soc. ent. Fr.*, 1855, p. 64, pl. IV, fig. 1. — Id. *H. N. Gal.*, p. 51, pl. I, fig. 4. —

Galeodes ochropus L. Duf., *l. c.*, p. 102, pl. III, fig. B. — *Galeodes curtipes* L. Duf., *l. c.*, p. 102, pl. III, fig. A. — *Rhax ochropus* E. Sim., *Class. Gal.*, etc., 1880, p. 191.

Feriana (Lx); Djebel Oum-Ali (V. May.).

Rhax phalangium Oliv. (= *R. phalangista* Sav., Gerv., etc.) qui habite l'Égypte et l'Asie Mineure ne se trouve ni en Algérie ni en Tunisie comme l'indique L. Dufour; l'espèce décrite sous ce nom par L. Dufour est la même que son *G. ochropus*. *G. curtipes*, dont j'ai vu récemment le type au Muséum, n'en diffère absolument que par la taille.

R. ochropus est répandu en Algérie, il est indiqué de Bokhari (sub *R. phalangista*) et de Tlemcen (sub *R. ochropus*) par L. Dufour; nous l'avons observé à Bou-Saada et à Msila et nous l'avons reçu de Magenta.

214. Rhax Melanus Oliv., *Voy. Emp. Ott.*, III, 1807, p. 443, pl. XLII, fig. 6. — *Galeodes Melanus* Sav., *Ég.*, *Ar.*, 1827, pl. VIII, fig. 9. — *Rhax Melana* C. Koch, *Ar.*, XV, 1848, p. 92, fig. 1491. — *Galeodes Melanus* L. Duf., *l. c.*, 1861, p. 101. — *Rhax Melanus* E. Sim., *l. c.*, p. 120.

Kerouan (Lx, Séd.); Feriana (Lx); Nefzaoua (Lx); gorges du Djebel Oum-Ali (V. May.).

215. Rhax corallipes sp. nov.

♀ Long. 30. ♂ Long. 25. — Nigerrima, parte thoracica albo-testacea, abdomine vitta lata albo-rosea postice paulum attenuata atque segmentum penultimum haud superante supra ornato, infra obscure fulvo-testaceo, coxis i et ii fuscis, reliquis fulvo-rufescentibus, pedibus-maxillaribus pedibusque i omnino nigris, reliquis pedibus læte rufis, metatarsis et tarsis cunctis atque tibia ii nigris. Pars cephalica nitida, haud sulcata, parce nigro-setosa, tubere oculorum humili, transverso, subtiliter sulcato et antice bi-setoso, spatio inter oculos diametro oculi latiore. Chelæ longæ et robustæ, valde nigro-setosæ, in ♀ digito superiore extus dentibus 8, 1° minutis-simo, 3° reliquis multo majore et paulum arcuato, digito inferiore in me-dio dente maximo compresso et antice dente minutissimo instructis, in ♂ digito superiore dentibus ab apice longius remotis, 1° minutissimo, 2° ma-jore, flagello membranaceo sat brevi, antice arcuato, ad apicem paulo attenuato, truncato et minute lacinioso. Pedes-maxillares in ♀ breves et robusti, tibia versus basim paulo attenuata setis validis longissimis vel aculeis setiformibus longissimis infra armata, metatarso cum tarso tibiæ fere longitudine æquo, fere cylindrico, infra aculeis longis et acutis pa-rum regulariter seriatim dispositis instructo, in ♂ tibia multo longiore, metatarso cum tarso breviore quam tibia paulo crassiore. Metatarsi pedum ii et iii supra aculeis robustissimis sex armati, metatarsi pedum i et iv supra mutici.

Zarzis (Lx).

Espèce des plus remarquables par sa coloration vive et variée. Par la bande dorsale claire de son abdomen elle se rapproche un peu de *R. melanocephalus* E. Sim., mais elle en diffère complètement par la coloration des pattes.

216. Biton tunetanus sp. nov.

♀ Long. 12–17. — Flavo-testaceus, parte cephalica utrinque paulum infuscata, pedibus-maxillaribus femore ad apicem, patella, tibia tarsoque valde infuscatis, tubere oculorum nigro. Pars cephalica latior quam longior, antice leviter arcuata, postice rotundata, supra parum convexa atque longitudinaliter tenuiter et profunde sulcata. Tuber oculorum humile, transversum, antice irregulariter setosum, spatio inter oculos diametro oculi haud vel vix angustiore. Chelæ longæ, parum robustæ, fulvæ, nitidæ, parce longe fulvo-setosæ, digitis compressis ad apicem nigro-fuscis, digito superiore dentibus 8, 1°, 2° et 4° validis, 3° minutissimo, digito inferiore dentibus duobus validis fere æquis atque in medio denticulo minutissimo instructis. Pedes-maxillares mutici, femore tibiaque setis tenuibus et longissimis biseriatim dispositis infra munitis, tibia patellæ longitudine fere æqua, paulo crassiore, basim versus paulo angustiore, tarso brevi ad basim haud coarctato. Metatarsus ii aculeis brevibus quinque, metatarsus iii aculeis tribus robustioribus, 1° et 2° ad sese magis approximatis, supra armati. Pedes iv mutici, tarso triarticulato, articulo 1° longo, 2° brevissimo, 3° secundo duplo longiore sed primo multo breviore. Metatarsus iv tibia fere 1/3 brevior.

♂ Long. 12–14. — Longior et angustior, multo magis infuscatus, pedibus posticis femore tibiaque fusco-violaceo tinctis. Chelæ digito superiore crasso valde compresso, supra carinato et paululum sinuoso, dentibus 6 vel 7, anticis tribus reliquis multo longioribus fere æquis, 1° antice directo, 2° et 3° paulo divaricatis, digito inferiore dentibus binis, longis, a sese parum longe remotis, denticulo intermedio nullo vel minutissimo, flagello simplici, lamelloso et pellucente, longe ovato, postice retro directo, valde attenuato et subacuto, dimidiam longitudinem chelarum haud vel vix attingente. Pedes-maxillares metatarso in parte secunda aculeis setiformibus 3-3 setis tibiarum brevioribus infra instructo.

La Goulette (Séd.); Cap Bon (Lx).

Diffère, surtout chez le mâle, de *B. Ehrenbergi* Karsch et de *B. lividus* E. Sim. par l'armature du crochet supérieur des chélicères dont les trois premières dents sont longues et presque égales avec la première dirigée en avant. Par son faciès *B. tunetanus* se rapproche de *Gluvia kabiliana* E. Sim.; mais chez celui-ci les tarses postérieurs sont uniarticulés; les crochets des chélicères et leurs denticulations ont aussi une disposition toute différente.

217. Biton velox sp. nov.

♂ Long. 11,5. — Flavo-testaceus, abdomine postice, pedibus-maxillaribus femore ad apicem patella tibia tarsoque, pedibus posticis femore ad apicem tibiaque fusco-violaceo tinctis, tubere oculorum nigro. Pars cephalica angusta, paulo latior quam longior, antice vix arcuata, supra parum convexa et longitudinaliter tenuiter sulcata. Tuber oculorum transversum, antice irregulariter setosum sed setis binis erectis reliquis longioribus et robustioribus instructum, oculis magnis spatio diametro oculi evidenter angustiore disjunctis. Chelæ longæ, parum robustæ, fulvæ, nitidæ, parce longissime setosæ, digitis ad apicem rufulis, superiore valde compresso, supra carinato et paulum sinuoso, dentibus 8, 1° 2° paulo minore, 3° minuto, 4° 2° paulo longiore sed angustiore, digito inferiore dentibus duobus inter se longissime remotis, 2° 1° validiore, atque in medio denticulo minutissimo instructis. Pedes et pedes-maxillares ut in specie præcedente sed paulo longiores, flagellum paulo longius, postice ad apicem acutum.

Gabès (Séd.); Djebel Oum-Ali (V. May.).

Voisin de l'espèce précédente, il s'en distingue surtout par la partie céphalique plus étroite, les yeux plus gros et moins séparés. Chez le mâle les denticulations des chélicères rappellent celles de *B. tunetanus* femelle, mais diffèrent beaucoup de celles de *B. tunetanus* mâle; les deux dents du crochet inférieur sont cependant beaucoup plus séparées et inégales.

218. Blossia spinosa E. Sim., *Ann. Soc. ent. Fr.*, 1880, p. 400.

De Sousa à Sidi-él-Hani (Séd.); Gabès (Séd.).

Le Muséum le possédait déjà de l'île de Djerba.

Découvert dans la Basse Égypte; nous l'avons retrouvé depuis en grand nombre en Algérie : à Bou-Saada, à Medjez, à Oran, à Nemours, etc.

§ 3. CHERNETES.

219. Chelifer subruber E. Sim., *Ar. Fr.*, VII, p. 30. — *Id.*, Tomosvary, *Mag. Fauna Alskorp.*, 1882, p. 203, pl. II, fig. 12-13.

La Goulette (Séd.).

220. Chelifer meridianus L. Koch, *Uebers. Darst. eur. Chern.*, 1873, p. 20. — *Id.*, E. Sim., *Ar. Fr.*, VII, p. 25. — *Id.*, Canestr., *Chernet. Ital.*, 1885, fasc. VII, n° 4.

Porto-Farina (Lx).

221. Chelifer tuberculatus Luc., *Expl. Alg.*, *Ar.*, p. 274, pl. XVIII, fig. 5. — *Chelifer lampropsalis* L. K., *l. c.*, p. 19. — E. Sim., *l. c.*, p. 26. — Canestr., *l. c.*, fasc. VII, n° 5.

Porto-Farina (Lx); El-Aonina (Lx).

222. Chelifer Degeeri C. Koch, *Deutschl. Cr. M.*, etc., *Ar.*, 2, III, 1837. — *C. angustus* C. K., *l. c.*, 7, V. — *C. Schæfferi* C. K., *Ueb. Ar. Syst.*, II, 1839, p. 4. — *C. Degeeri* et *Schæfferi* C. K., *Ar.*, X, p. 54-55, fig. 788-790. — *C. pediculoides* Luc., *Expl. Alg.*, *Ar.*, p. 275, pl. XVIII, fig. 6. — *C. Schæfferi* L. K., *Uebers. Darst. eur. Chern.*, 1873, p. 17, — *C. Degeeri* E. Sim., *Ar. Fr.*, VII, p. 22. — *C. brevipalpis* et *Ninnii* Canestr., *Atti Soc. Venet. Trent.*, III, p. 226, — *C. Degeeri* Canestr., *Chernet. Ital.*, fasc. VII, n° 2. — *Id.*, Tomosvary, *Mag. Fauna Alskörp.*, 1882, p. 204.

La Goulette (Séd.); Tunis (V. May.).

La synonymie des *Chelifer tuberculatus* et *pediculoides* Luc. est établie d'après les types conservés au Muséum.

223. Chelifer Mayeti sp. nov.

Long. 3,5. — Corpus supra obscure fuscum, dense et sat valde uniformiter coriaceum, pedibus-maxillaribus obscure fuscis, pedibus paulo dilutioribus. Cephalothorax oculatus, antice sat valde attenuatus, strigis duabus integris et fere æquis transversim exaratus. Abdominis segmenta setis fulvis minutissimis et clavatis parcissime conspersa, segmentum ultimum setis simplicibus gracillimis et longioribus munitum. Pedes-maxillares trochantero femore tibiaque valde et dense, manu levius, coxa levissime, coriaceis atque opacis, trochantero et femore intus setis brevissimis paucis et clavatis munitis, trochantero breviter et anguste pediculato, dein lato, postice obtuse convexo haud dentato, femore sat gracili et longo ad basim brevissime pediculato, dein fere parallelo, intus fere recto, extus leviter et regulariter convexo, tibia femore paulo breviore et vix latiore, anguste pediculata, dein fere parallela, extus fere recta, intus vix convexa, manu longitudine tibiæ fere æqua, paulo crassiore, longe et regulariter ovata, apicem versus paulum et sensim attenuata, digitis manu circiter 1/4 brevioribus, parum robustis, leviter arcuatis.

Gafsa (V. May.).

Cette espèce se rapproche des *C. peculiaris* et *maculatus*, mais elle en diffère par sa patte-mâchoire beaucoup plus grêle, dont le tibia rappelle celui des *C. subruber* E. S. et *piger* E. S.

224. Chelifer peculiaris L. Koch, *l. c.*, p. 31. — *Id.*, E. Sim., *l. c.*, p. 31.

Porto-Farina (Lx); Tunis (V. May.).

C. peculiaris de Tomosvary (*l. c.*, p. 201, fig. 8 et 9) me paraît être une espèce tout à fait différente dont la patte-mâchoire étroite avec le tibia parallèle (fig. 8) rappelle beaucoup plus *C. Mayeti*, mais sans crins claviformes sur la face antérieure du fémur. — Au contraire, *C. romanus* Canestr. (*l. c.*, fasc. 11, n° 9) ne me paraît pas différer de *C. peculiaris*; l'auteur dit bien « *differt a Ch. peculiari digitis manu multo brevioribus* », mais sur la figure la proportion des doigts et de la main est la même que chez *C. peculiaris*. On peut comparer à ce sujet la figure publiée par Canestrini à celle que nous avons donnée dans les *Arachnides de France*, pl. XVIII, fig. 8.

225. Chelifer maculatus L. Koch, *Uebers. Darst. eur. Chern.*, 1873, p. 30. —
  E. Sim., *Ar. Fr.*, VII, p. 32.

Djebel Oum-Ali (V. May.).

226. Chelifer nodosus Schrank, *Fn. Boic.*, III, 1803, p. 246. — *C. Reussi* C. K.,
  Ar., X, p. 48, fig. 785. — *Chernes Reussi* L. K., *l. c.*, p. 5. — *Chelifer nodosus*
  E. Sim., *l. c.*, p. 33. — *Id.* Canestr., *Chernet. Ital.*, fasc. VII, n° 8. — *Chernes
  nodosus* Tomosv., *Mag. Fauna Alskorp.*, 1882.

Var. **africanus**. — Minor, manu angustiore fere parallela.

Aïn-Draham (Séd.).

Nous avons trouvé la même variété aux environs d'Alger, sous des détritus secs
de pins.

227. Atemnus politus E. Sim., *Ann. Soc. ent. Fr.*, 1878, p. 149. et *Ar. Fr.*, VII,
  p. 35 (*Chelifer*). — *Atemnus politus* Canestr., *l. c.*, fasc. X, n° 1.

Porto-Farina (Lx).

228. Atemnus Letourneuxi E. Sim., *Bull. Soc. zool. Fr.*, 1881, p. 12 (*Chelifer*).

Tozzer (V. May.).

Espèce très commune dans la Basse Égypte.

Le genre *Atemnus*, proposé récemment par Canestrini (d'abord sous le nom de
Acis préoccupé), est caractérisé par l'absence de stries au céphalothorax et par le
flagellum des chélicères qui se termine par quatre soies, dont la première barbelée,
tandis que dans le genre *Chelifer* le flagellum ne compte que trois soies. *C. ja-
vanus* Th. fait également partie du genre *Atemnus*.

229. Garypus Beauvoisi Sav., *Ég.*, *Ar.*, pl. VIII, fig. 5. — *Chelifer Bravaisi* Ger-
  vais, *Ann. Soc. ent. Fr.*, 1842, bull., p. XLV. — *Garypus litoralis* L. K., *l. c.*, p. 40.
  Id. E. Sim., *l. c.*, p. 48. — *G. saxicola* Waterh., *Trans. Ent. Soc. Lond.*, 1879,
  p. 78.

Porto-Farina (Lx); Sfax (V. May.).

Espèce répandue sur toutes les côtes de la Méditerranée. Les *G. Bravaisi* Gerv.,
litoralis L. K., et *saxicola* Waterh., ne sont que des formes locales ou de très légères
variétés. Chez les *Garypus* d'Égypte le tibia de la patte-mâchoire est très légèrement convexe au côté interne; mais ce caractère est beaucoup moins prononcé que
ne l'indiquent les figures de Savigny; il se retrouve souvent à divers degrés
chez les individus d'Algérie. La forte dépression frontale que nous considérions
comme caractéristique du *G. Bravaisi* Gerv. ne se retrouve pas sur les *Garypus* que
depuis nous avons observés à Oran; elle était probablement accidentelle chez le
seul exemplaire, sec et raccorni, que nous avions alors à notre disposition. La largeur de la main et sa longueur relativement aux doigts sont très variables; chez
les *Garypus* d'Espagne, décrits sous le nom de *G. saxicola*, la main est remarqua-
blement large, tandis qu'elle est très étroite chez ceux de Corse, mais nous avons
constaté tous les passages.

230. Olpium pallipes Luc., *Expl. Alg.*, *Ar.*, p. 277, pl. XVII, fig. 3 (*Obisium*). —

Arachnides.   4

Olpium Hermanni L. K., *Uebers. Darst. eur. Chernet.*, 1873, p. 37. — *Olpium pallipes* E. Sim., *Ar. Fr.*, VII, 1881, p. 49, pl. XIX, fig. 2. — *Id.*, Canestr., *Chernet. Ital.*, fasc. X, n° 9.

La Goulette (Séd.); Mehedia (Séd.); Sfax (V. May.).

231. Minniza vermis E. Sim., *Bull. Soc. zool. Fr.*, 1881, p. 14.

Gabès (Séd.).

Existe dans la Basse Égypte; nous l'avons aussi trouvé en Algérie, à Bou-Saada.

232. Minniza deserticola sp. nov.

Long. 3. — Cephalothorax obscure fuscus nitidissimus, haud striatus, supra planus et in parte secunda leviter transverse impressus, multo longior quam latior, antice longe attenuatus. Oculi fere æqui, minuti, subcontigui, a margine cephalothoracis haud separati. Abdomen longissimum, segmentis nitidis supra nigricantibus, infra obscure testaceis, a basi tenniter striatis. Pedes-maxillares fusco-olivacei, trochantero dilutiore, digitis rufescentibus, articulis cunctis nitidissimis setis tenuibus parce vestitis, trochantero longiore quam latiore, antice recto, postice leviter arcuato sed haud convexo, femore longo et cylindrico, tibia femore vix breviore, paulo latiore, manu longe et regulariter ovata, ad basim paulum attenuata et rotundata, ad apicem longius attenuata, digitis sat gracilibus manus longitudini subæquis. Pedes breves, albo-testacei, subpellucentes.

Gabès (Séd.).

Très différent de *M. vermis* par la forme du fémur et de la main de la patte-mâchoire; en effet, chez *M. vermis* le fémur est court, épais à la base et assez fortement atténué à l'extrémité, la main est large et tronquée presque carrément à la base.

O. deserticola habite aussi le sud de l'Algérie.

233. Obisium muscorum Leach, 1817. — *Obisium muscorum + tenellum* C. Koch, *Ar.*, X.

Aïn-Drahan (Séd.).

234. Chthonius orthodactylus Leach, 1817.

Porto-Farina (Lx).

§ 4. SCORPIONES.

235. Buthus Æneas C. Koch, *Ar.*, VI, 1839, p. 1, fig. 43a. — *Androctonus bicolor* Luc.

Kerouan (Lx); Ksar El-Metameur (Lx); Ras-el-Oued (Lx); Sousa (Séd.); Feriana (Lx); Djebel Oum-Ali (V. May.).

236. Buthus australis L., 1758. — *Androctonus funestus* Hempr. et Ehr., Luc., Gerv., etc. — *Androctonus Hector + Diomedes* C. Koch.

Kerouan (Lx); Gabès et Gafsa (Séd.); îles de Kerkenna (V. May.); Houmt-Souk

dans l'île de Djerba (Lx, V. May.); El-Guettar, Djebel Oum-Ali (V. May.); Tozzer
(V. May.); Bir El-Ahmar (Lx).

237. Buthus europæus L., 1754 (*Scorpio*). — *Scorpio occitanus* Amor., *Journ. de
Phys.*, XXXV, 1789, p. 9. — *Scorpio tunetanus* Herbst, *Ungefl. Inseckt.*, IV, 1800,
p. 68. — *Androctonus tunetanus* Hempr. et Ehr. — *Androctonus Paris + tunetanus*
C. Koch, etc. — *Buthus europæus* E. Sim., *Ar. Fr.*, VII, p. 96.

Variété *intumescens* Hempr. et Ehr. Les *B. europæus* de Tunisie, principalement
ceux du Sud, sont du même type que ceux de la Basse Égypte; ils sont remarquables par les denticulations des carènes médianes inférieures des 2ᵉ et 3ᵉ segments
caudaux plus grosses, plus inégales et plus isolées que chez les *B. europæus* du
midi de l'Europe.

Hammam-el-Lif (Lx); île de Djamour (V. May.); Ksar El-Sef (Lx); El-Kef (Séd.);
Kessera (Séd.); Aïn-Draham (Séd.); Sfax (V. May.); îles de Kerkenna (V. May.);
Gafsa (V. May.); Djebel Bou-Hedma (V. May.); Djebel Oum-Ali (V. May); Chott
El-Djerid (V. May.); Ksar El-Metameur (Lx); Bir El-Ahmar (Lx).

238. Buthus arenicola sp. nov.

Long. trunci 20,5; caudæ 34. — Omnino flavo-testaceus. Cephalothorax segmento caudæ 1° vix 1/4 longior, antice parcissime postice den-
sius sed minute et inæqualiter granulosus, costis debilibus parum expressis
supra ornatus, costis anticis fere lævibus, antice divaricatis et arcuatis, marginem anticum haud attingentibus, costis posticis parce granulosis parum
distinctis, sulco medio profundo, tuberculo oculorum mediorum infuscato,
humili, late transverso, lævi haud granuloso. Segmenta abdominalia parce
granulosa, i-vi tricostata, costis lateralibus obliquis atque abbreviatis,
segmento vii costa media abbreviata et costis lateralibus binis obliquis sat
validis. Segmenta abdominalia subtus nitidissima, i ii et iii haud costata,
iv vix distincte costatum, v costis debilibus et lævibus quatuor, mediis inter
se approximatis et antice paulum divaricatis, lateralibus abbreviatis. Cauda
longa, parum robusta, subparallela, lævis, supra canaliculata, segmento i
costis utrinque quinque integris, segmento ii costis quinque, costa secunda
valde abbreviata, segmentis iii et iv costis quatuor, costis superioribus
segmentorum i-iii sat regulariter et obtuse granulosis, costis inferioribus
atque costis segmenti iv fere lævibus et plus minus obsoletis, segmento v
ad apicem paululum attenuato, supra lævi haud canaliculato nec costato,
carinis inferioribus e denticulis minimis et obtusis apicem versus sensim majoribus lamellosis et iniquis compositis, infra segmento v parce et
irregulariter granuloso costa media fere integra et irregulariter granulosa
notato, vesica lævi nitidissima minuta, aculeo longo, gracili, ad apicem
nigro. Pedes-maxillares sat graciles; femore supra tenuiter et parcissime
rugoso, costis binis dense et regulariter dentatis notato; tibia nitidissima
extus rotundata haud costata, intus costa fere lævi munita; manu niti-

dissima haud costata, in ♀ minuta, angusta, fere cylindrata, tibia multo breviore et paulo angustiore, in ♂ majore, late ovata, tibia vix breviore atque evidenter longiore; digitis in ♀ gracilibus manu 1/3 longioribus, in ♂ crassioribus, manu paulo brevioribus, immobili intus prope basim leviter emarginato. Pedes graciles, postici longissimi; femoribus compressis et angulatis costis minute granulosis munitis; tibia iii valde compressa latiore quam tibia iv; tarso iii articulo penultimo paulo latiore quam eodem articulo iv supra setis validis et longissimis 14-16 regulariter dispositis cristato; tarsorum articulo ultimo infra irregulariter et longissime crinito. Dent. pect. 28-34.

Gabès (Séd.); Tozzer (V. May.).

Cette espèce a été trouvée dans la Basse Égypte par M. A. Letourneux, à Ramlé et à Port-Saïd.

Nous la possédons aussi du sud de l'Algérie : de Bou-Sadaa, de Biskra (C. Martin), de Debila (Munier).

239. Heterometrus maurus L., 1758. — *Buthus (Heterometrus) palmatus* Hempr. et Erh., Luc., etc. — *Buthus testaceus + palmatus* C. Koch.

Cap Bon (Lx); Hammam-el-Lif (Lx); entre Kroumbalia et Hammamet (Lx); El-Kef (Séd.); Nefzaoua (Lx): Feriana (Lx); Aïn-Draham (Séd.); El-Guettar (V. May.).

240. Euscorpius carpathicus L., 1758.

Entre Kroumbalia et Hammamet (Lx); Djebel Reças (Lx); île de Djamour (V. May.).

Le Scorpion indiqué par Lucas de l'île de la Galite (*Expl. Alg.*, Ar., p. 273) et qui existe au Muséum, est un *E. carpathicus*. — *Euscorpius flavicaudis* Degeer, est, jusqu'à nouvel ordre, à rayer de la faune tunisienne.

§ 5. OPILIONES.

241. Phalangodes vitulina Sorensen, *Naturhist. Tidsskr.*, 1870, p. 513 (*Ptychosoma*).

Aïn-Draham (Séd.), dans les mousses.
Nous l'avons trouvé dans les mêmes conditions à l'Edough.

242. Liobunum Doriæ Canestr., 1872. — *Id.* E. Sim., *Ar. Fr.*, VII, p. 164 [1]

Porto-Farina (Lx); île de Djamour (V. May.).

243. Acantholophus spinosus Bosc, 1792.

Aïn-Draham (Séd.).

---

[1] C'est le *Liobunum agile* du catalogue Pavesi.

244. Phalangium propinquum Luc., *Expl. Alg.*, *Ar.*, p. 286, pl. XX, fig. 4. —
Opilio luridus C. Koch, *Ar.*, XVI, p. 50, fig. 1534 [1].

Cap Bon (Lx); El-Aouina (Lx); entre Aïn-Draham et El-Kef (Lx); Ksar El-Sef
(Lx); Feriana (Lx); entre Kroumbalia et Hammamet (Lx); Sfax (V. May.); Zarzis
(Lx); Gabès (Lx); Makteur (Séd.); Aïn-Draham (Séd.); îles de Kerkenna (V. May.);
Oued Bateba (V. May.).

245. Phalangium africanum Luc., *l. c.*, p. 283, pl. XVIII, fig. 9.

Tunis (Lx, V. May.).

246. Phalangium cirtanum C. Koch, *Ueb. Arachn. Syst.*, II, 1839, p. 35 (*Opilio*).

Porto-Farina (Lx).

247. Dasylobus nigricoxis E. Sim., *Ann. Soc. ent. Belg.*, C. R., 1878.

Djebel Reças (Lx).
Répandu dans une grande partie de l'Algérie.

248. Phalangium semiechinatum sp. nov.

♂ Long. 5,5. — Obscure cinereum, cephalothorace fusco-punctato et
variegato, abdomine vitta fusca latissima, in medio valde dilatata et utrinque obtuse angulosa, postice attenuata, tenuiter testaceo-marginata atque
linea cinerea longitudinaliter secta ornato. Cephalothorax margine laterali
parce et minute denticulato, antice prope marginem anticum dentibus
validis et longis 10 vel 12, 7 anticis longioribus et sæpe bifurcatis, ad sese
approximatis in lineam transversam dispositis, reliquis lineas longitudinales
duas approximatas formantibus, in medio prope tuber oculorum dentibus
parvis 3 vel 4, postice dentibus paulo majoribus et acutis parum densis
et biseriatim dispositis, instructus. Abdomen dentibus acutis, antice parvis
postice validis et longis, in series transversas parum regulariter ordinatis,
armatum. Tuber oculorum albo-cinereum, sat minimum, longius quam
latius, haud canaliculatum, utrinque dentibus 5 longis, gracilibus, acutis
et fere æquis armatum. Area membranacea antica in medio minutissime
bidentata. Chelæ fulvæ, articulo primo utrinque et infra nigro, supra haud
convexo, obsolete dentato, articulo secundo ad basim fusco-maculato,
angusto, nitido. Pedes-maxillares fulvi, femore patella tibiaque fusco-
maculatis et sublineatis; femore crasso, dentibus numerosis albis setiferis
supra minutis infra longioribus armato; patella seriatim dense dentata;
tibia mutica, compressa, patella vix longiore; tarso paulo longiore quam
patella cum tibia, gracili, infra dense nigro-granuloso. Coxæ testaceæ,
posticæ parce anticæ sat dense granulosæ. Pedes sat longi, obscure cine-

---

[1] C'est le *Phalangium africanum* du catalogue Pavesi.

reo-fulvi, late fusco- vel nigro-variegati, femoribus patellisque angulosis seriebus dentium validorum iniquorum longitudinaliter dense serratis, tibiis cunctis angulosis et muticis, carinis brevissime setosis, metatarsis muticis cylindricis, posticis vix distincte angulosis.

Djebel Reças (Lx).

Espèce remarquable, rappelant complètement par son facies et l'armature de ses téguments *Acantholophus echinatus* Luc.; mais le premier article des chélicères n'a pas de denticule en dessous, ce qui la rattache au genre *Phalangium*. Indépendamment de ce caractère, elle se distingue encore de *A. echinatus* par les pattes plus longues, avec les tibias mutiques, les fortes séries denticulées, étant nettement limitées aux fémurs et aux patellas.

249. Dicranolasma scabrum Herbst, *Ungeft. Ins.*, III, 1799, p. 15, pl. XXIII, fig. 9 (*Opilio*). — *Dicranolasma scabrum* Sorensen, *Bid. Phal.*, 1873, p. 516. — Id., E. Sim., *Ar. Fr.*, VII, p. 294.

Île de Djamour (V. May.).

Nous l'avons trouvé également à l'Edough près Bône.

250. Anelasmocephalus bicarinatus E. Sim., *Ar. Fr.*, VII, p. 298.

Aïn-Draham (Séd.).

Répandu en Algérie.

APPENDICE.

ESPÈCES INDIQUÉES EN TUNISIE PAR M. P. PAVESI ET NON RETROUVÉES
PAR MM. A. LETOURNEUX, M. SÉDILLOT ET V. MAYET [1].

Heliophanus decoratus L. Koch. — *Menemerus Soldani* Sav. — *Phlegra nitidiventris* Luc. (*Ictidops*). — *Phlegra fulviventris* Luc. (*Ictidops*). — *Ælurillus Monardi* Luc. (*Ictidops*). — *? Lycosa accentuata* Latr. [2]. — *Lycosa cinerea* F. (*Trochosa*). — *Lycosa perita* Latr. (*Trochosa*). — *Pirata piraticus* Cl. — *Misumena bicolor* E. Sim. — *Oxyptila bufo* L. Duf. — *Oxyptila albimana* E. Sim. — *Oxyptila horticola* C. Koch. — *Oxyptila varica* E. Sim. — *Monœses paradoxus* Luc. — *Epeira patagiata* Cl. — *Epeira acalypha* Walck. — *Larinia lineata* Luc. — *Singa albovittata* Westr. — *Meta Merianæ* Scopl. — *Argyrodes argyrodes* Walck. (*A. gibbosus*). — *Teutana triangulosa* Walck. (*Steatoda*). — *Teutana pulchella* Luc. (*Steatoda*). — *Linyphia frutetorum* C. Koch. — *Linyphia pusilla* Sund. — *Lophocarenum rufithorax* E. Sim. (*Erigone*). — *Lophocarenum parumpunctatum* E. Sim. (*Erigone*) [3]. — *Theridion musivum* E. Sim. — *Crustulina lineiventris* (*Steatoda*) Pav. (n. sp.). — *Asagena phalerata* Panz. — *Pholcus phalangioides* Fuess. — *? Zodarium isabellinum* E. Sim. — *Tegenaria parietina* Fourcr. — *Dictyna viridissima* Walck. — *? Dictyna civica* Lucas (probablement *D. frutetorum* E. S.). — *Titanœca quadriguttata* H. — *Zoropsis Albertisii* Pav. (n. sp.). — *Liocranum spinulosum* Th. — *Clubiona venusta* Pav. (n. sp.). — *Tylophora Antinorii* Pav. (n. g., n. sp.). — *Micariolepis dives* Luc. (*Bona fastuosa*). — *Drassus lutescens* C. K. — *Drassus troglodytes* C. K. — *Drassus ciator* L. K. — *Prosthesima parvula* Pav. (n. sp.). — *Prosthesima spadix* L. K. — *Prosthesima Kerimi* Pav. (n. sp.). — *Prosthesima incompta* Pav. (n. sp.). — *Pythonissa Aussereri* L. K. — *Pythonissa spinosissima* E. Sim. — *Pythonissa Quagga* Pav. (n. sp.). — *Loxosceles erythrocephala* C. K. — *Dysdera maurusia* Th. — *Filistata nana* E. Sim. — *? Nemesia meridionalis* E. Sim. (non Costa). — *? Nemesia megacephala* Auss. — *? Nemesia Sauvagei* Dorthès. — *? Nemesia cellicola* Sav. — *? Nemesia incerta* Combr. — *Chelifer anachoreta* E. Sim. — *Olpium microstethum* Pav. (n. sp.). — *Galeodes venator* E. Sim. — *Phalangium barbarum* Luc. — *Dasylobus infuscatus* Luc. (*Phalangium*). — *Liobunum rotundum* Latr. — *Mastobunus tuberculifer* Luc. (*Sclerosoma*). — *Sclerosoma sardum* Pav. — *Trogulus asperatus* C. Koch.

[1] Cf. Annali del Mus. civ. di St. Nat. di Genova, vol. XV, 1880, p. 283 à 388; et vol. XX, 1884, p. 446 à 466.

[2] Sur les *Lycosa narbonensis* et *fasciiventris* Pav. cf. p. 7.

[3] Sur *Erigone digiticeps* Pav. cf. p. 28.